更新され新車体となった東武3000系。改造当初はロイヤルベージュとインターナショナルオレンジのツートンカラーをまとっていた。先頭よりモハ3128－サハ3218－モハ3318－クハ3428。
1972.5.20　七光台検修区　P：中村夙雄

カラーグラフ

3000系に生まれ変わった東武旧型電車

野田線を行くセイジクリーム塗装の3000系4＋2連。1977（昭和52）年夏から8000系冷房車が走り始めた野田線も、しばらくの間は3000系が主力であった。
1980.6.22　高柳―逆井　P：稲葉克彦

宇都宮線を行くジャスミンホワイト塗装の3070系。先頭よりモハ3575－クハ3675＋モハ3573－クハ3673の宇都宮線東武宇都宮行で、霜取りパンタを畳んだ姿。
1991. 5.25　江曽島—南宇都宮
P：塚越哲男

上毛電鉄に譲渡された東武3000系のうち18両は上毛310系として赤城山麓を走り始めた。先頭よりクハ332－デハ312の西桐生行
1994.1.15　大胡—樋越
P：稲葉克彦

上毛電鉄では東武より新たに3050系を14両購入し、350系として310系を置き換えた。先頭よりデハ357－クハ367の中央前橋行。
1996.12.30　城東—中央前橋
P：稲葉克彦

準急
池袋
IKEBUKURO

1928（昭和３）年に日本車輌で製造されたデハ５形48を出自とするモハ3210形3219。東武東上線川越市駅で準急池袋行として待機中の姿。1966（昭和41）年11月にモハ3523に更新され、1971（昭和46）年11月の改番でモハ3506となった。
1956.6.9　川越市　P：荻原二郎

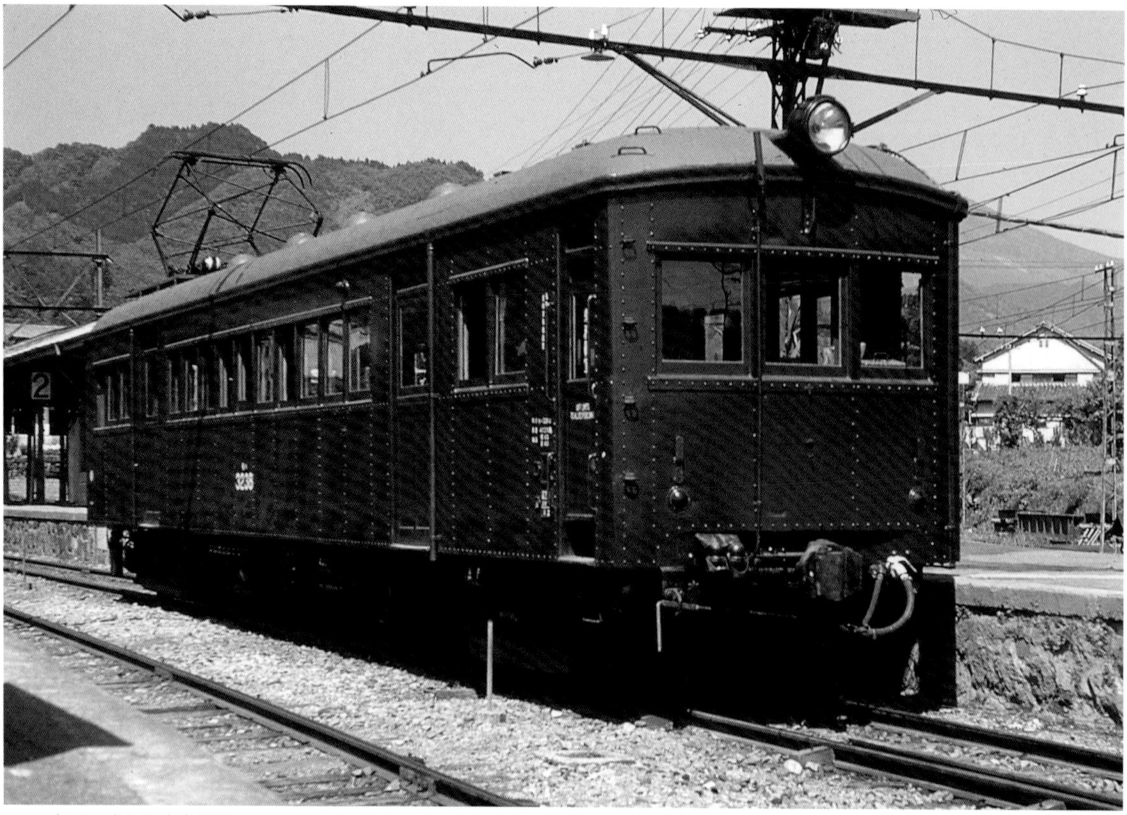

1928(昭和３)年汽車会社製のデハ５形70を出自とするモハ3210形3238。1970(昭和45)年４月の更新で中間車モハ3542となり、1971(昭和46)年11月の改番でモハ3304となった。
1951～52年頃　東武日光　P所蔵：網谷忠雄

1928(昭和３)年に日本車輌で製造されたデハ５形65を出自とするモハ3210形東武モハ3233。２基のPT-20形パンタが凛々しい姿。1970(昭和45)年９月に中間車モハ3515に更新され、1971(昭和46)年11月の改番でモハ3307となった。1964.3.20　栃木検車区　P：宇野　昭

1927(昭和２) 年日本車輌製のクハニ１形6を出自とするモハユ5490形5490ほか。クハニ６→クハユ６(Ⅱ)→デハニ１→デハ87→モハニ5470→モハユ5490→モハ5490→モハ3354と名前を変えること７回！伊勢崎線の準急浅草行に充当。昭和48年１月の車体更新で3000系の中間車、モハ3350形3354となって落ち着いた。 1963.11.3　曳舟　P：宇野　昭

1928(昭和３)年汽車会社製のクハユ３形10を出自とするクハ410形410(二代目・オレンジ１色時代)。1967(昭和42)年５月の更新でクハ3652となり、1971(昭和46)年11月の改番でクハ3415になった。連結相手はモハ3260形。 1963.9.22　川越電車区　P：宇野　昭

先頭車は1937（昭和12）年に成田鉄道ホハ11（二代目）として製造、1943（昭和18）年の同鉄道事業廃止時に東武に転入。サハ41を経て1950（昭和25）年の鋼体化サハ92から1958（昭和33）年にクハ550形567に改造されたもので、露出した台枠は車体裾に合わせてインターナショナルオレンジに塗られている。

1964.5.24　六実　P：宇野　昭

3000系の種車とはならなかったが、東武車両の歴史上欠かせない下野電気鉄道の引継車、モハ1601他２連西小泉行。小出力モーターのため更新対象から外れ、1972（昭和47）年に廃車となった。

1966.3.21　太田　P：荻原二郎

モハ3261＋クハ226＋モハ3229の３連からなる野田線大宮行。先頭のモハ3261は1928(昭和３)年日車製のデハ5形56を戦災復旧名義で運輸省規格型に準じた車体に交換して生まれ変わったクハ431を電装化したもの。1968(昭和43)年に中間車モハ3567に更新され、1971(昭和46)年の改番でモハ3320になった。

1956.12.4　柏―豊四季　P：丸森茂男

はじめに

東武3000系は18m級３扉の短距離タイプの通勤型電車で、ローカル線車両の近代化のため戦前・戦後生まれの旧型車の台車・モーター・電装品を流用して1964～1975（昭和39～50）年にかけて車体を新造して生まれ変わった吊り掛け駆動車で、合計236両のグループの総称である。車体は当時主力の通勤型車として数を増やしていた8000系を短くしたようなスタイルで、前面は8000系と同じ高運転台、車体サイズは地下鉄日比谷線直通車2000系と同じ車体長18mの両開き３扉車で、大先輩から変じて8000系の弟のような電車であった。

3000系は更新当初は東上線に投入されたが、後に全車が野田線に移籍。大師線等の支線にも顔を出した。3050系・3070系は館林・栃木の北関東エリアに投入されたほか、3050系の２両編成の一部は5410系とともに大師線にも顔を出すなど、本線以外ではどこでも見られる東武ローカル線電車の顔として広く活躍していた。

3000系の台車やモーターを含めた走り装置は昭和初期から戦後の1952（昭和27）年に亘って造られた種々雑多な車両のものを流用したため、モーター出力の大小や制御器の種類により、3000系・3050系・5000系（後の3070系）の3種に分類されている。

私にとっての東武3000系は、小学５年生になったばかりの1972（昭和47）年５月に自宅から自転車で牧場や畑のある丘を越えて約15分の野田線六実駅での出会いから始まる。線路脇の柵越しに見る3000系はこれと言って特徴のない４両編成の電車であったが、駅構内の渡り線を通り過ぎる４両を眺めているうちに、回転する繊細なスポーク車輪の美しさと継ぎ目の悪いところでコロ軸の丸い軸箱がぴょんと上がる様子、そしてそ

の４両の台車の形がすべて違っていることに目を奪われた。

何度か通っているうちに４両の台車の違いに大体決まったパターンがあることに気づいた。柏寄りからモハ3100形はどっしりした住友KS-31L、サハ3200形は国鉄客車由来のTR-11でいかにも軽い感じの動きとジョイント音、モハ3300形は新京成でもおなじみのD-16、クハ3400形は新京成モハ100形に良く似た弓型イコライザーの美しい住友KS-30Lもしくは戦後の国鉄の客車のようなウイングバネ台車であることが多かった。それらの形は後に模型雑誌などで形式を知ることになる。そして新京成のKS-30L（ST-17）やD-16台車と違うところは、東武3000系のそれはスポーク車輪で、レジン制輪子使用で鋳鉄制輪子特有の騒音と鉄粉の汚れがなく、４両の微妙に異なる歯切れのよいジョイント音が軽快でスマートに思えることであった。

3000系は1987（昭和62）年から廃車が始まり、1996（平成８）年の3070系の廃車をもって東武線から姿を消した。そのうち3000系18両は1989（平成元）年から上毛電鉄へ譲渡されて赤城山麓で活躍を開始。その後、3050系14両が3000系を置き換える形で譲渡されたが、老朽化と京王帝都井の頭線からの3000系冷房車の導入により2000（平成12）年に廃車となって消滅した。

本書では3000系について、更新される前の古色蒼然とした中でバラエティに富んだ種車の数々の姿を紹介する。236両の種車の中からできるだけ多くのタイプを網羅し、１両１両の種々雑多な来歴から来る形式と形態のバリエーションを紹介していきたい。

蒸気機関車No.47の牽く貨物列車に連結して回送される、モハ3210形3235＋クハ250形259。両車は、汽車会社で更新工事を終え、工場のある南砂町から西新井を目指し、間もなく到着するところであろう。いずれも1928（昭和３）年製の車両で、1971（昭和46）年の更新と改番でモハ3305・サハ3205となっている。
1956.4.17　小菅―五反野　P：丸森茂男

デハ１形６（→新潟交通モハ19）。1948（昭和23）年に新潟交通へ譲渡。台枠の端梁にバッファー（緩衝器）を外したような跡が見える。東京・東向島の東武博物館に現存するデハ５は同じ仲間で、1924（大正13）年日車製である。
1943.4頃　西新井　P：沢柳健一

１．東武電車概説１
～戦前型から運輸省規格型まで～

東武鉄道は、1899（明治32）年に北千住～久喜間で蒸気機関車牽引による客車列車の運行から始まった。3000系に更新された種車の古くは大正13年の木造客車から始まる。電化開業の進展により1924（大正13）年以降は電車を導入するが、1926（大正15）年に電化を前提として造られた電車型客車、電化以降の昭和一桁生まれのデハ１形から始まる半鋼製車、1935（昭和10）年以降のデハ10形型特急専用車、1941（昭和16）年以降に行われた客車の鋼体化車、1943（昭和18）年の総武鉄道合併による引継車、商工省統一規格型、戦災省電のたたき直し復旧車、運輸省規格型、1951（昭和26）年浅草工場火災焼失６両の代替新造クハ等々の様々な来歴と経緯を、まず初めに時系列的に説明させていただく。

1.1　大正13年系

1924（大正13）年に東武鉄道最初の電化に備えて、木造車体の電動車デハ１形１～８の８両が日本車輛東京支店（以後特記しない限り支店を示し、日車と記す）で製造された。H棒仕切の両運転台、二重屋根、正面５枚窓を持ち、米国Westing House社（以後WHと記す）製の電装品と自動空気ブレーキ装置を採用、単位スイッチ式HL制御器と100HP（出力75kw）のWH-556-J-6主電動機を装荷し、米国J.G. Brill社製（以後ブリルと記す）の釣合梁（イコライザー）式台車のブリル27MCB-2を履く。

このうち、デハ２はクハ11に改造され、1108に改番後、1951（昭和26）年の改番でクハ405→クハ354と名を変え、1975（昭和50）年の更新でサハ5204となり、1979（昭和54）年の改番でサハ3274となった1両のみが3000系列の種車である。

旧デハ１形は1948（昭和23）年に２両が上信電鉄、１両が新潟交通に譲渡された。また、３両は1951（昭和26）年に電装解除されてクハ210形となり、熊谷線の蒸気列車や越生線で使用後、矢板線へ転じて1958（昭和33）年にコハフ10形に改造されたが、翌年の同線廃止に伴って廃車となった。

なお、デハ５は1951（昭和26）年の大改番でモハ1101となり、そのまま原形を保ちながら野田線の配給車から西新井工場入換車として働き、1981（昭和56）年に廃車。1989（平成元）年に東向島駅に開設された東武博物館で静態保存され、現在でも木造車体５枚窓の雄姿を見ることが出来る。

コハフ10形13（デハ１→モハ1100→クハ212→コハフ13）。1959（昭和34）年の矢板線廃止直前の姿。二重屋根の明かり窓が塞がれている。
1959年　場所不明　P所蔵：佐藤進一

デハ２形８（クハ２→デハ８Ⅱ→モハ1110→モユニ1190）。半鋼製車体となり、屋根はシングルになって腰板からは羽目板が消えた。
撮影時期不明　西新井？
P所蔵：鈴木靖人

1.2　大正14年系

1925（大正14）年にデハ２形９・10とクハ１形１～６の合計８両が日車で製造された。両運転台の正面５枚窓であるが、初の半鋼製車体となった。屋根はシングルとなり、「お椀型ベンチレーター」と呼ばれる碗状通風器が並ぶ外観となった。８両のうち、クハ１がデハ２形７に電装化後、1947（昭和22）年に新潟交通に転じてデハ17となったほか、デハ2形９は1948（昭和23）年に新潟交通に譲渡されてデハ18となった。同年、デハ２形10は上毛電鉄に譲渡されてデハ81となった。

デハ２形８はモユニ1190に改造され、1977（昭和52）年に廃車。クハ１形の４・５は1937（昭和12）年の電装化で75kw主電動機、MC型主制御器を装荷してデハ101形103・104となった後に1951（昭和26）年の改番でモハ1400・1401となった。1964（昭和39）年に荷物車化改造されてそれぞれモニ1471・1472となったが、1983（昭和58）年７月20日の伊勢崎線・日光線の小手荷物輸送廃止に伴い同月29日付で廃車。残るクハ１形３・６は電装化でデハ101形101・104となった後に電装解除でクハ420・421となり、種車として更新後、クハ3624→3414、クハ3625→3606となった。

1.3　大正15年系

1926（大正15）年にホハ51～60の10両が日車と汽車会社（以後、特記しない限り東京支店を示し、汽車と記す）で製造された。電化が進む間の一時的な措置として、最初は電装品を装備せずに蒸気列車に組み込む電車使用を前提とした仕様の客車として完成。51～54・59・60は日車製で、55～58は汽車製である。車体や台車は電車仕様で、末尾の59・60は全鋼製車体となり、側面は下降窓から２段上昇窓となった。この２両のみは当時鐘ヶ淵駅近くにあった客車製造の天野

デハ２形10（→上毛電鉄デハ81）＋サニ２（ホハニ３→サニ２→サハ62→クハ434）。デハ10はほぼ原形を保った姿、サニ２は1910（明治43）年天野工場製"ろは１"がホロハ１と名を変え、1924（大正13）年の関東大震災で被災後ホハニ３として復旧。後にサニ２となり、東武で最も古いボギー客車であった。
1941.1.1　西新井電車庫　P：中村夙雄

デハ３形13（ホハ53→デハ13→長野電鉄モハ131）。電車化前提の客車から電装された車両で、車体が汚れて客扉のガラスは板張り、窓も一部破損し、パンタも破損して畳まれるなど荒廃している。1948年に長野電鉄に譲渡されたデハ11～13はモハ131～133となるが、到着順に番号が振られたので最初の13はモハ131となった。
1947.2.22　川越電車区
P：中村夙雄

工場を前身とする東京府南葛飾郡隅田町の東京支店製ではなく、名古屋市にある日本車輌本店で製造された。

完成直後の1927（昭和２）年に電装され、客車として使用されたのはごくわずかな間であった。電装品は同時期に多数製造された1927～1929（昭和２～４）年系と同系統の英国English Electric社（英国電機。以後EEと記す）のライセンス供与を受けてDick kerr方式（以後デッカーと記す）を基に東洋電機製造で国産化した電動カム軸式制御器ES-530、主電動機は97kwの英国電機製DK-91/Bで、ブレーキ装置はWHの自動空気ブレーキ装置を採用。車体は初の半鋼製車体となった。両運転台であるが、正面は３枚窓の貫通扉付となった。台車は初めて住友製鋼所製を採用し、米国ボールドウィンA型タイプの釣合梁式で、鋳鋼製台車枠の弓形イコライザーを持つKS30L（東武形式TRS-26）を履いた。

ホハ51～53は1927（昭和２）年の電装化改造でデハ３形11～13となり、1948（昭和23）年に長野電鉄に譲渡されてモハ133～131となった。またホハ54～58は電装化でデハ３形14～16・19・20から1951（昭和26）年の改番を経てモハ2200形2200～2204となるが、1952（昭和27）年に電装解除をしてクハ220～224になった。

全鋼製車体のホハ59・60はクハ２形７・８となり、1951（昭和26）年の改番でクハ230・231になった。譲渡された３両を除く７両全車は3000系クハ3400形・クハ3600形の種車となった。

クハ２形７（ホハ59→クハ７→クハ230→クハ3606→クハ3602）。電車前提の客車として造られた末尾の２両ホハ59・60は、電装化はされなかった。前面の３折平面と乗務員扉のない、極端に狭い運転室がよくわかる。
1947.11.3　川越電車区
P：中村夙雄

デハ4形17(デハ17→デハニ17→デハ17→モハ3200→モハ3501→モハ3313)。車体が伸びて運転室が広くなった。
時期不明　西新井？
P所蔵：鈴木靖人

1.4　昭和2～4年系

この時期は1927(昭和2)年10月1日の伊勢崎線全線電化、1929(昭和4)年10月1日は日光線全通と全線電化、同年12月29日には東上線の全線電化など、東武鉄道にとって一大変革期にあたり、わずか3年の間に114両の電車が造られた。形式は大正時代からの続き番号でデハ4形、クハ3形から始まるが、同時にクハニ1形、クハユ1形の荷物室付の合造車が造られた。一部の車両を除きトイレが設置され、座席も一部がセミクロスシートになるなど、長距離電車として設計製作されていることが大きな特徴で、日本車輌東京支店と汽車製造東京支店製である。

車体は15,240mmから延長して16,165mmの両運転台である。側面は窓幅610mmの一段下降窓がずらりと並び、側出入口は910mm幅のステップ付。大きなPT-20形パンタグラフを2基載せた古武士のような重々しい外観は大正～昭和初期の東武電車の大きな特徴となった。

運転室はH棒仕切から、間仕切りにより独立し拡張された全室運転台で、正面は非貫通の3枚窓、後位側は左側片隅に運転台を設置し、中央通路と開口部の貫通路を挟んで反対の右側片隅にトイレという配置で、後位側の運転室は副運転室という位置付けである。車体外観で昭和2・3年汽車製は車体側面腰板の切れ込みのない一直線で、日車製とは一目で区別することができた。

電装品は英国EEのライセンス供与を受けてデッカー方式を基に東洋電機製造で国産化した電動カム軸式制御器ESシリーズのES-530、主電動機は97kwの英国電機製DK-91/Bで、歯車比は59:21=2.81である。台車は釣合梁(イコライザー)式で、住友製KS-31L(東武形式TRS-28M)を履いた。ブレーキ装置は米国WHの自動空気ブレーキ装置である。

1951(昭和26)年に行われた一斉改番でモハ3200・3210・モハニ3270形、クハ250形、クハユ290形に改称され、通称32系と呼ばれるグループとなった。これらの114両のグループは、1927～1928(昭和2～3)年製の前期型と1929(昭和4)年製の後期型に大きく分かれる。

デハユ2形2(デハ23→デハニ23→デハユ2→モハニ3272)。一般車から荷物室付→郵便室付に改造されたが、客用扉はそのままで荷物用への改造はされていない。側面の窓ガラスは下半分が板張りである。モハニ3272に改番後、1951年の浅草工場火災で焼失し廃車となった。
1948.2.11　西新井工場
P：中村夙雄

1.4.1　前期普通車型

1927（昭和２）年製の普通車（ハ）で３扉車である。窓配置は1D7D7D1で、乗務員扉はなく、セミクロスシートで20両製造された。内訳はデハ４形デハ17・18・21～36、クハ３形クハ９・10である。製造所はデハ17・18・26～28とクハ９・10が日車、デハ21～25・29・30が汽車、31～36が川崎造船所である。デハ17と21～34は1930（昭和５）年に荷室が設置されてデハニとなったが、17はすぐにデハに戻された。23は1936（昭和11）年に郵便室が設置されてデハユ２となった。

26と35は昭和20年に戦災に遭い、1949（昭和24）年にクハ436・437となって復旧。1951（昭和26）年の大改番でモハニ3270形となるが、同年８月の浅草工場火災によりデハユ２改めモハニ3272は全焼し廃車となった。

一方クハ３形２両の９・10はともに1934・1936（昭和９・11）年に電装化されてデハ８形94・93となり、日立製作所製の110kw出力の主電動機HS-266と電磁空気カム軸式のPR H-200N形制御器を搭載した。1951（昭和26）年の大改番では、番台区分で110kwモーター車は5000台を名乗るため、モハ5401・5400となって32グループから分かれた。1969（昭和44）年にATS取付に伴う４両固定化改造が行われ、モハ5400形はモハ5450形と組んで下記のように固定編成化された。

クハ551－モハ5400＋モハ5452－クハ544
クハ552－モハ5401＋モハ5454－クハ451
クハ554－モハ5461＋モハ5456－クハ423
以上、1969（昭和44）年６月
クハ553－モハ5460＋モハ5431－クハ503
1969（昭和44）年８月

5452・5454・5456は運転室機器のみ撤去し、事実上中間車となった。1972～1973（昭和47～48）年に3050系更新モハ3556・モハ3359の種車となって消滅した。

1.4.2　前期合造車型

客室+荷物室付で後位側に副運転室のない片運転台車で、すべて制御車である。クハニ１形１～６、クハユ１形１～４の合計10両が日車で製造された。正面は非貫通の全室運転室で乗務員扉付。窓配置はd1B（荷扉）1 3D7D1で、前位にある荷物室の扉は幅1,100mm両開きである。客室の座席はセミクロスシートで、後にロングシート化された。

クハユ３とクハニ１は1945（昭和20）年に戦災に遭い、クハユ３は1948（昭和23）年にデハ90として復旧。1950（昭和25）年にクハ422に改造された。クハニ1は1949（昭和24）年にクハ430となって復旧。1953（昭和28）年に電装化されてモハ3263になった。

クハニ６は1932（昭和７）年に電装化されてデハニ１となったが、1934（昭和９）年にデハ87に改造後、昭和25年に再び改造されてモハニ5470となったが、翌年の大改番・改造でモハユ5490となった。クハユ290形は1966～1971（昭和41～46）年に3000系更新車クハ3400・3600形の種車に、モハ3263は更新車モハ3581の種車に、モハユ5490は1969（昭和44）年に荷物車→普通車への改造でモハ5490に改称後、1973（昭和48）年に更新車モハ3354の種車となって消えた。

クハユ１形４（→クハユ292→クハ3619→クハ3412）。原形に近い姿。ほぼ姿を変えずに3000系に更新された。前照灯の右脇に見えるパイプ状のものは汽笛であろうか？
1940.4.29　西新井電車庫
P：中村夙雄

■車両竣工図表クハニ１形(１～３)　昭和２年９月　日本車輌東京支店　東武鉄道　資料所蔵：稲葉克彦

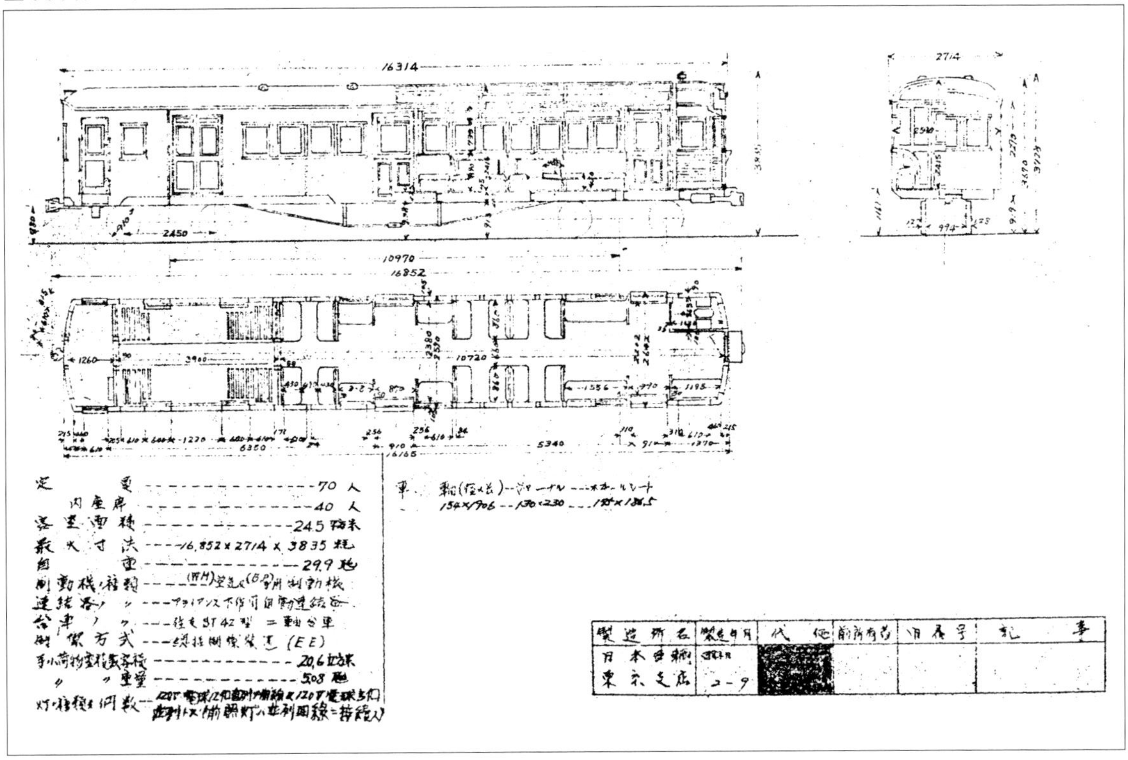

1.4.3　後期合造車型

1928・1929(昭和３・４)年製で前期に比べ荷物室が縮小され、それに伴って窓配置はdB5D7D1に変化した。新造時はすべて後位側に副運転室のない片運転台付制御車である。クハユ２形５・６、クハユ３形７～10、クハニ４形32～34の合計９両で、製造所はクハユ７～10が汽車で他は全て日車製である。クハユ８～10の３両を除き、1932(昭和７)年に電装化されてデハニ１形もしくはデハユ１形となった。

このうち、クハニ32はデハニ４→デハ90となった後、1945(昭和20)年に戦災に遭い、1948(昭和23)年にクハユ３となって復旧。1951(昭和26)年の大改番でクハユ490となった。クハユ７はデハユ１に電装改造後、大改番でモハユ3290となった。

電装化された７両は1951(昭和26)年の大改番でモハニ5470形となったが、クハユ６改めモハニ5472は同年８月の浅草工場火災で焼失し、廃車となった。

クハユ８～10は昭和26年の大改番でクハユ297～299となったが、クハユ10改めクハユ297、クハユ８改め298の２両は1956(昭和31)年に郵便室を撤去して普通車クハ410・411に改造。旧郵便室出入口は縮小して窓配置はdD7D7D1となった。副運転室とトイレはない。

モハニ5471・5473・5474は1969(昭和44)年に荷物室を撤去して客室化して普通車に改造。モハ5470形に改称した。5471は1971(昭和46)年に更新モハ3151の種車に、クハユ490・クハ410形は1965～1969(昭和40～44)年に3000系更新車クハ3600形・サハ3600形の種車に、モハ5473・5474も1971～1972(昭和46～47)年に更新モハ3564・3154の種車となって消えた。

■1951(昭和26)年の東武大改番

1000位の数：主電動機出力	
1000番代	75kw以下
2000・3000番代	97kw
5000番代	110kw
7000番代	128kw・142kw (最初は6を使用)

100位の数：制御装置の種類	
100番代	HL制御(WH)
200番代	DK＝デッカー型制御
300番代	CS-5型
400・500番代	日立PR・MC型
600番代	東洋電機ES156型
700・800番代	日立MMC型

10位の数：車体の構造	
00～60番代	旅客車
70・80番代	荷物車(含 合造車)
90番代	郵便車(含 合造車)

※電動車は4桁、制御車は3桁、付随車は2桁の形式番号となる

※改番の年月について
- 東武鉄道六十五年史(昭和39年発行)には「昭和24年5月24日達甲号による全面的な改番」とある。
- 『鉄道ピクトリアル』1972年3月臨時増刊号「東武鉄道特集」私鉄車両めぐり東武鉄道(青木栄一・花上嘉成氏)によると、「実際の書替は昭24後半より25前半にかけて行われ、昭26.2.2に正式な届出がなされている」とある。
- 過去の記事を見ても大改番に関する詳細な記述がないことから、ここでは改番が終了して正式な届出をした1951(昭和26)年として記述する。

デハ７形41(→モハ3212→モハ3553→モハ3315)。側面の窓ガラスの下半分は板張りとなっている。
1947.11.3　川越電車区
P：中村夙雄

１.４.４　後期普通車型

1928・1929(昭和３・４)年製の普通車で、２扉車である。窓配置はd2D10D3で、乗務員扉が付いた２扉ロングシート車である。もっとも両数が多く、戦前の東武電車を代表するグループである。

デハ50両、クハニ25両の合計75両が製造された。内訳はデハ５形デハ37～80、デハ６形デハ81～86、クハニ２形クハニ７～31である。製造所はデハ37～66・デハ81～86・クハニ７～25が日車、デハ67～80・クハニ26～31が汽車である。デハ５形は片運転台、デハ６形は両運転台で乗務員扉を有し、トイレはない。クハニ２形は後位側に荷物室を持ち、トイレは客室と荷物室の間に設けられた。デハ５形の44両は片運転台車であったが、単行運転に備えて1931(昭和６)年に後位側に副運転室を設置し、番号は同じまま形式はデハ７形に改められた。デハ５形はわずか３年でデハ７形にアップデートして形式が消滅した。

その後、デハ40は1933(昭和８)年の火災復旧でデニ１に改造。デハ２の機器を流用したためHL制御・ブリル台車という大正時代の足回りとなった。1951(昭和26)年の大改番でモニ1170となった。

デハ56・60は1945(昭和20)年に戦災に遭い、1949(昭和24)年にクハ431・432となって復旧。デハ39・51・79は、改造時期は明らかでないが主電動機を110kwに強化し、主制御器もMC型に換装されて1951(昭和26)年の大改番でモハ5420～5422に名を改め、

デハ７形56　1928(昭和３)年日車製。1945(昭和20)年に戦災に遭い、1949(昭和24)年にクハ431となって生まれ変わった。
1939.12.31　西新井電車庫　P：中村夙雄

デニ１形１(デハ40→1933年火災→同年復旧デニ1→モニ1170)。日車で火災復旧の際、２ヶ所の客用扉を拡幅して荷物扉に改造。その際、台車と電装品を供出したデハ２は1933年にクハ11となり、1940年にデハ10系クハ1108の名目上の種車となって消えたとされている。　1941.1.1　西新井電車庫
P：中村夙雄

モハ3210形3231(→モハ3513→モハ3308)ークハ256(→サハ3614→サハ3208)準急浅草行。快速用として更新修繕された直後のモハ3231＋クハ256の準急。ライトブルーとクリームの軽快な車体色と正面の貫通幌が東上線の同型車にはない表情。
1958.4.28　五反野―小菅
P：丸森茂男

32グループから分かれた。走り装置の変更のみで外観上は他のモハ3210形と変わらない。1957～1958(昭和32～33)年にトイレはそのままで副運転室を撤去。5421は1959(昭和34)年２月に太田で脱線転覆大破し、クハユ290と共に津覇車両で車体を新製して同年５月に復旧。ノーリベット、正面貫通扉付となって車体側面の裾切込みはなくなった。

残る38両は1951(昭和26)年の大改番でモハ3210形3210～3247となり、32系の最大勢力となった。その後の事故復旧や改造などで様々な形態が生まれた。1955～1956(昭和30～31)年に日光線準急車両の改善のためにモハ3230～3233・3235・3236の６両はクハ250形とMcTc固定編成化を伴う更新工事が行われた。ロングシートを扉間10脚のセミクロスシート化、副運転室とトイレの撤去、運転席を中央から左側に移設、正面貫通化と貫通幌取付、客出入口と乗務員出入口のステップ撤去。碗状通風器をガーランド式通風器に交換。モハの電動発電機と電動空気圧縮機をクハに移設して機器の分散配置と車両重量の平均化を図り、室内灯は白熱灯から蛍光灯になった。車体塗色は茶色１色から急行(現・快速)用特別色の上半部クリーム、下半部ライトブルーに変更し、軽快な装いとなった。編成は下記の通りである。

3230－257 汽車会社　1956(昭和31)年1月
3231－256 汽車会社　1955(昭和30)年10月
3232－255 富士重工　1956(昭和31)年3月
3233－254 富士重工　1955(昭和30)年12月
3235－259 汽車会社　1955(昭和31)年4月
3236－258 富士重工　1955(昭和30)年10月

1964(昭和39)年に6000系の登場により再び一般車に格下げされ、茶色や2000系と同様のオレンジ・ベージュに塗り替えられた。1969(昭和44)年以降にはロングシートに戻された。

東上線所属の19両は、1956～1960(昭和31～35)年に副運転室・トイレを撤去して客室を拡張。パンタは１基に減らされた。また、3210～3217の８両は正

モハ3210形3215(→モハ3519→モハ3324)他４両準急池袋行。東上線のモハ3210形は更新の際に正面の貫通化が行われたが、貫通幌はなく、伊勢崎・日光線の更新車とは違ったおとなしい表情である。パンタは1基である。
1963.9.22　川越市
P：宇野　昭

モハ3250形3252(デハ81→モハ3252→モハ3563→モハ3127)。旧デハ６形のモハ3250形は日車の台車D18を履く。前照灯脇に汽笛が見える。
1940.9.15　西新井電車庫
P：中村夙雄

面に貫通扉が設けられ、運転席は左側に寄せられた。本線用では3247・3239が副運転室・トイレを撤去したが、パンタグラフは２基のままである。

デハ６形は81～86のうち85が1945(昭和20)年に戦災に遭い、1948(昭和23)年３月に汽車で復旧。戦災とはいっても銃撃によるものとされ、焼けた跡もなく、他の戦災復旧車は通風器をガーランド式に改めたのに対し、碗状通風器のままであった。復旧にあたり、主制御器・主電動機を換装して110kwクラスとなったので、1951(昭和26)年の大改番でモハ5423となって32系グループを離れた。残る５両は大きな改造もなく大改番でモハ3250形3250～3254となった。

クハニ２形25両中の改造や事故に遭わなかった20両は1951(昭和26)年の大改番でクハニ270形になった。クハニ９→272は1951(昭和26)年８月の浅草工場火災で失われた。同時にモハ1404が消失。クハニ18→289は1951(昭和26)年に電装化されてモハ1406となった。1965(昭和40)年にモユニ1475に改造され、3000系種車とはならず。1974(昭和49)年に廃車となった。

クハニ270形となった20両は、小荷物の鉄道輸送がトラック便に押されて次第に衰退した影響から、1954～1958(昭和29～33)年にかけて20両全車の荷物室を撤去し、トイレを後端部に移設する工事が行われ、クハ250形となった。クハニ28～31は、1938(昭和13)年に荷物室を撤去して両運転台・電装化されてデハ105形105～108になった。新運転室は左側運転席で旧荷物室跡に乗務員扉が設けられた。1951(昭和26)年の大改番でモハ1402～1406になったが、同年８月の浅草工場火災で1404が全焼。クハニ289が電装化されて1406になった。

モハ3210～3247・3250～3254は更新3500形の種車に、クハ250～267は更新3000・3050系の種車になった。

クハニ２形27(→クハニ287→クハ266→クハ3456)を後位荷物室側から。850mm幅の荷物室扉が見える。1928(昭和３)年汽車会社製の車体は車体裾の切込みがなく、一直線である。なぜかブリル台車を履いている。
1940.9.15　西新井電車庫
P：中村夙雄

トク1形500(→クハ108→クハ247→クハ3457)。トク500は写真は元展望台側で、1953年以降の撮影と思われる。
西新井？　P：鈴木靖人

1.5　昭和16、18年・第一次木造客車鋼体化改造型付随車

東武鉄道は、他の関東私鉄各社のような電気鉄道ではなく蒸気機関車牽引による蒸気鉄道として発足した経緯があり、多数の客車を保有していた。これらの車両は電化工事の進展により次第に活躍の場を狭められていき、1928(昭和3)年より電車用付随車サハとして配線工事を施行して48両が電車に改造された。そのため、東武鉄道では1949(昭和24)年頃まで、デハやクハの中に挟まれた木造客車の編成を長距離列車の中に見ることができた。

東武鉄道が初めてボギー客車を導入したのは明治43年であるが、1915(大正4)年までに鉄道省の雑型に相当する23両の客車が、日本車輌東京支店の前身である天野工場で製造された。1920(大正9)年より1924(大正13)年までに鉄道省の中型標準車に相当する36両が製造された。そのほかに他の私鉄より転入した車両が若干存在する。この中で明治生まれの最も古い客車は老朽化のため、電車化改造から除外されて廃車となっており、ここでは3000系種車となった1924(大正13)年以降製造で、1941(昭和16)年以降に鋼体化された車両について取り上げる。

明治から大正時代にかけて製造された客車はいずれも木造車体の二重屋根で、電車に挟まれて使用されていたが、1941(昭和16)年から車体の鋼体化改造が始まり、台枠と台車を流用して1943(昭和18)年にかけて日本車輌でクハ9両、サハ4両の合計13両が電車化された。外観はデハ10系の流れを汲む窓幅800mm、出入口幅1100mmの2扉クロスシート車で車端部がロングシートである。客車の台枠流用のため、妻面は丸みのないフラットの平妻である。窓配置はクハがd2D8D3、サハは3D8D3である。

その中でトク1形500は、1929年に日光線全線開業に際し日車で1両だけ造られた、木造車体で定員28人の豪華なソファを備えた展望室兼食堂と料理室を持つ貴賓車で、当初は最後部が展望デッキとなっていた。1935年のデハ10系特急車の登場で出番が少なくなり、1943年には名目上の鋼体化クハ108の種車となって車体は西新井工場の事務所代わりになってしまう。1949年に日車にて展望台や料理室・随行員室・ボーイ室の撤去や、円形テーブルやソファ・転換クロスシート・スタンドバーが設置さ

サハ形サハ20(ホハ8→サハ20→クハ109→クハ248→サハ3669→サハ3201)。1914(大正3)年日車製の、鉄道省ナハ22000形によく似た形態の木造客車で、車体長16,269mmの中型に属する客車である。車体の台枠は大型並みのUF12を使用。妻面片側の大きな丸い出っ張りは手動ブレーキハンドルの張り出しである。
1951.1.14　西新井　P所蔵：小松重次

クハ101形106(ホハ３→サハ44→クハ106→クハ245→サハ3666→サハ3221)。1924(大正13)年生まれのホハ３からサハ44を経て1941年の鋼体化でクハ106となった。流線形カバー付の前照灯やデハ10系と同じ独特の大きな書体の車体番号によりデハ10系と見紛う形態だが、正面は平妻で車体が短い。　1947.11.3　川越電車庫　P：中村夙雄

れ、動く娯楽室のような車両に一新。1950年より週末に鬼怒川温泉行特急の最後尾に連結して一往復する運用を開始するが、転向に手間が掛かることや5700形の登場により、1951年11月に定期運用を終了。時折団体運用に使用される程度となって1957年に廃車、1966年に解体された。

ホハ１～８、ホロハ１・２・８～10、トク500
→サハ101～104、クハ101～109

鋼体化されたクハ101～109は２扉ロングシート、トイレ付き片運転台車で、運転室は右側片隅で中央通路を挟んだ左側最前部にトイレが設置された。乗務員扉は右側のみ設けられ、窓配置はd2D8D3である。サハ101～104は２扉ロングシート・トイレ付きで窓配置は1 2D8D3である。

1951(昭和26)年の大改番でクハ101～109は全車クハ240形240～248に、サハ101～104はサハ70～73になった。そのうち73は1951(昭和26)年に日車で室内の改装を行い、翌年まで東上線の季節特急に使用された。70～72は東上線で使用のため、1958(昭和33)年に富士重工でトイレを撤去して全室運転台化・乗務員扉設置の改造でクハ540形クハ541～543になった。73はその後、1961(昭和36)年に改造を受けてクハ544となってサハ70形は消滅した。

クハ240～248は更新クハ3600形・サハ3600形種車に、クハ541～544は更新サハ3600形種車となった。

クハ240形242(ホハ７→サハ37→クハ103→クハ242→サハ3663→サハ3224)。オレンジ１色時代。東上線での使用に際し、トイレは撤去された。　1963.11.23　川越市　P：中本雅博

サハ70形73(ホハ１→サハ42→サハ104→サハ73→クハ544→クハ3657)。茶色１色時代。　1955.3.20　西新井工場　P所蔵：佐藤進一

モハニ1101形1102(総武鉄道モハニ1102→東武鉄道モハニ1102→モハニ1270→クハニ471→クハ3644→クハ3413)。総武鉄道が1944(昭和19)年に東武鉄道と合併後の姿。板張りが残る窓ガラス、摺板のないパンタ、防護の鋼棒が付いた前照灯に戦時の姿が残る。オデコには汽笛が見える。
1948.2.8　柏　P：中村夙雄

1.6　総武鉄道系

1944(昭和19)年に東武鉄道に合併された総武鉄道の引継車である。同鉄道が電化した1929(昭和4)年に日車で製造された電車の3形式10両と客車2両の12両が東武鉄道に譲渡された。そのうち電車は3形式共に車体は同型で、主電動機はすべて75kw、歯車比は68:16=4.25である。台車は米国ボールドウィン社のイコライザー式(東武形式TRK-29)である。

車体は両運転台付きの車体長15,250mmの3扉半鋼製で、窓配置は1D6D6D1である。側窓の小さな同世代の東武の半鋼製車と似ているが、車体外板の裾の切込みはなく、両妻面に貫通扉が付き、側面は二段上昇式の側窓が並び、東武に比べて軽快で垢ぬけたスタイルであった。運転台は左側片隅配置である。引き継いだ3形式の内訳は下記の通りである。

モハ1001形1001～1004
モハニ1101形1101～1104
クハ1201形1201・1202

モハ1001形1001～1004のうち、1001～1003の3両は1948(昭和23)年に高松琴平電鉄、上田丸子電鉄に譲渡され、高松琴平電鉄モハ710・720、上田丸子電鉄モハ1001となった。残る1004は1951(昭和26)年の大改番でモハ1200となったが、1945(昭和20)年1月の衝突事故により前面を大破。前面貫通扉をつぶし、片運転台化、全室運転台化を行い、右側のみに乗務員扉が設置された。1952(昭和27)年には電装解除されてクハ220形225となった。

モハニ1101形1101～1104の4両は、1101を除き昭和26年の大改番でモハニ1270～1273となった。1101は1949(昭和24)年に電装解除されてクハニ470となったが、1952(昭和27)年に他の3両も電装解除されてクハニ471～473となった。

クハ1201形1201・1202の2両のうち1201は、1948(昭和23)年に高松琴平電鉄に譲渡されてクハ910となった。東武に残る1202は1951(昭和26)年に電装化されてモハ1201(焼失したモハニ1101の主電動機を流用したと思われる)となるが、1952(昭和27)年に電装解除されてクハ226となった。その際、片運転台化され運転台は片隅となった。これにより総武鉄道系の電動車は全て電装解除された。

客車はコハフ500形501・502で、1927(昭和2)年に鉄道省から北総鉄道に払い下げられたコハ6506・6507の台枠と台車を流用して長物車チキ1・2となり、1942(昭和17)年に日本鉄道自動車で車体を新造してコハフ500形となった。車体は3扉の電車型で、当初付随車であったが片側に運転席を設けた制御車となった。1945(昭和20)年に502が衝突事故を起こして大破し廃車となった。501は1949(昭和24)年の改番でクハ200となり、矢板線、越生線、熊谷線を転々としたが、熊谷線のディーゼル化により1954(昭和29)年に廃車となった。

クハ225・226は更新サハ3600形の種車に、クハニ471～473は更新クハ3600形の種車となった。

クハニ470形471(クハニ471→クハ3644→クハ3413)＋モハ1403(クハニ29→デハ106→モハ1403→モニ1473)。総武から東武に籍を移して電装が解かれた姿。一部の側引戸が鋼板プレスに取り換えられている以外、あまり変わっていない。茶色１色時代末期の全般検査出場時。後ろのモハ1403はモニ1473に改造され、3000系には更新されなかった。　1963.7.13　西新井工場　P：丸森茂男

Column　下野電気鉄道の引継車

東武鬼怒川線の前身である下野電気鉄道が、1931(昭和6)年の改軌に合わせ川崎車輌で製造された電車がデハニ101形101～103である。

両運転台、非貫通、全室運転台を持つ半鋼製車体２扉車で、電装品は東洋電機製で、英国電機のDick kerrシステムの原設計から国産化をスタートしたES-150シリーズの電動カム軸式の主制御器ES-156を搭載。主電動機は東武の標準仕様97kwに比べ、59.9kwの東洋電機製TDK-571/A×４という小さなものであった。当時より東武鉄道の傍系であったため東武の1927～1929(昭和２～４)年系電車と類似している部分が多く、同電鉄が1943(昭和18)年に東武鉄道に買収されたことによりこの３両も引き継がれた。

1951(昭和26)年の大改番でモハニ1670～1672となり引き続き鬼怒川線で使用されたが、1960(昭和35)年９月に1671＋1672のMM永久固定編成化が行われて小泉線へ転属、さらに1963(昭和38)年に荷物室を撤去し、モハ1601・1602に改番された。残るモハニ1670は1966(昭和41)年に荷物電車に改造されてモニ1671に改番されたが、３両という小世帯と非力なモーターが祟って3000系更新種車のレギュレーションに合致せず、1972(昭和47)年に廃車となって消滅した。

モハニ1670形1672(下野電気鉄道デハニ103→モハニ1672→モハ1602)＋モハニ1671(下野電気鉄道デハニ102→モハニ1671→モハ1601)西小泉行。車体裾の切込みがない側面に小さな窓が10枚並び、前面は３折平面で彫りが深く、東武の同世代デハ５形より洗練されて見える。小出力モータながらモハ＋モハの編成は引き締まって見える。
1963.1.3　太田　P：宇野　昭

東上線～船橋直通列車「青い鳥号」モハ5310形5313(デハ1107→モハ5445→モハ5313→モハ5105→モハ3175)＋クハ354＋クハ353＋モハ5314。国鉄大宮駅から野田線に入るひと時のブルーにイエロー帯の「フライング東上号」色を纏った晴れ姿。同車は1952年に東上線に移り、季節特急として使用。同年夏に東上線川越市を出発し、川越から国鉄川越線を蒸気9600形牽引で大宮から野田線で船橋というルートを走った。海水浴へ行く子供たちが車内にあふれている。この海水浴臨時列車は1951・1952(昭和26・27)年までの運行だった。

1952.8.3　大宮　P：丸森茂男

1．7　デハ10系

新線の開通、既設線の電化に伴う新車の大量増備は1929(昭和４)年で一段落し、その後は客車の電車化により輸送力増強が図られた。

1935(昭和10)年になって、東武鉄道では日光行特急電車が運行を始めることになり、同年５月に新設計の特急専用車両が製造された。

1941(昭和16)年までに３回に亘って16両が特急専用の「ロマンスカー」として製造され、後年ほぼ同一設計の普通車８両も作られた。これらの24両はデハ10系と呼ばれた。

車体は半鋼製車体２扉で、正面は貫通式で貫通扉付き、運転室は右側片隅式でトイレ付きである。デハは両運転台でクロスシート+車端部ロングシートで、クハは片側運転台のオールクロスシートである。車体は大型化されて車体長17,500mmとなった。丸みの大きな貫通式の３枚窓の前面と天地865mm×幅800mmの採光性の良い二段上昇式の大きな窓が並び、1,000mm幅に広げられた２ヶ所の出入口を備え、ゆったりとしたレイアウトの側面を持つ車体に大きな２基のパンタを載せた姿は堂々として新時代の息吹を感じさせた。窓配置はモハがd1D10D1 1で、クハはd1D10D1 1である。室内は八角形のシャンデリアによる照明で優雅な雰囲気を醸し出し、シートピッチ1,760mmで深々とした座り心地のソファのようなクロスシートを配置し、特急車に相応しい設備を備えていた。クハにはトイレの通路を挟んで反対側に売店が設けられた。

車体の番号はクロームメッキが施された特殊な書体のひときわ大きなサイズのものが貼り付けられて、一般車両との格の違いを際立たせていた。電装品は日立製を採用し、主電動機は110kwに増強されたHS-266-A×4台、歯車比は62:21=2.95である。台車はモハ、クハ共にイコライザー式の住友製鋼所製KS31L(東武形式TRS35M、TRS35T)である。

性能がアップされた同車の登場により1935(昭和10)年12月10日のダイヤ改正で浅草雷門(現　東武浅草)－東武日光間の所要時分は従来の144分30秒から137分30秒と7分短縮され、表定速度69.1km/h、平均速度59.8km/hとなった。この運転時分は戦前の特急列車の最高タイムであったとともに戦後の1952(昭和27)年まではこのレベルに達することはできなかった。

日本は1936(昭和16)年12月の太平洋戦争開始に伴い戦時体制に突入。1942(昭和17)年２月には複線であった日光線の合戦場～東武日光間が単線化され、特急運転が休止されたため、クロスシート車の座席は全てロングシート化され、1948(昭和23)年まで普通車として使われた。ただしデハ1105～1108は、敗戦後の1945(昭和20)年12月から進駐軍用として使用されることになった。

デハ11形1103(デハ103→デハ1103→戦災復旧→モハ5460→モハ3558)。1935(昭和10)年にデハ10形デハ103として生まれ、1937年の改造でデハ11形1103となるが、拡大すると「形式デハ10」「12-10・13-10西工」の検査表記が読める。写真はその改造時のものと思われ、2基のパンタを上げた端正な姿であるが、1945年に戦災に遭い、前面は非貫通型に改造されて一変してしまう。車体番号の大きな特殊な書体は他に見られないもの。

1937年　場所不明　P所蔵：小池　潤

1951(昭和26)年の大改番でデハ1101～1108は、戦災に遭った1103を除き、一旦モハ5440形5440～5446に改番された。その中でデハ10系の後期特急車型である5442～5446はモハ5300形からの機器換装による性能アップでモハ5310形5310～5314となり、同時にモハもオールクロスシートに改められた。

新型特急車5700系の登場により、1952(昭和27)年3月に5313+354+5314+353はクロスシート車を希望していた東上線の季節特急「フライング東上号」用として、東上線へ転じた。他の車両も1953(昭和28)年には急行(現在の快速)に格下げされた。さらに1959～1960(昭和34～35)年にトイレを撤去している。

1966(昭和41)年には車体内外に大改造を加え、外板の張替え、前照灯2灯シールドビーム化、室内の鋼板化、アルミサッシ化、床面は木板張りからリノリウムに、鎧戸を廃してサランカーテンとなって面目を一新。伊勢崎線の急行用として活躍をしていた。

1.7.1　前期特急車型

1935(昭和10)年に製造された特急専用車で、2扉クロスシートである。窓配置はデハがd1D10D1 1、クハはd1D10D1 1で、内訳はデハ10形デハ101～103、クハ10形クハ101～103の合計6両である。製造所はデハ3両が日車、クハ3両が汽車製。台車は住友製KS31(デハ：軸距2,450mm・東武形式TRS35M、クハ：軸距2,135mm・東武形式TRS35T)である。

上記デハ1103の変わり果てた戦災復旧車(デハ1103→戦災復旧→モハ5460→モハ3558)。西新井工場に佇むデハ10系と思しき戦災復旧車の1両。電装品がなく、窓には多くの桟が入り、まだ復旧途上の寂し気な姿。前面はこの系列では見たことのない非貫通のやや間の抜けた表情。とても上記の1103には見えなかったであろう。このネガ袋にはクハ1106で昭和22年12月諏訪工業修復と書かれており、車番のない未完成の複数の車体を見て、中村氏は何形の何番なのか、大いに悩んだに違いない。

1948.2.11　西新井電車区　P：中村夙雄

モハ5440形5440(デハ101→デハ1101→モハ5440→モハ3153)。1935(昭和10)年登場のデハ10系の第1号車でありながら、製造後わずか3年の新人モハ5300形のモータ・主制御器に交換して、もらったばかりの5440形の名前を捨てて特急車として復活したモハ5310形とは一緒に出世は叶わず、モハ5440形第1号車のまま3050系に更新された不遇な1両。デハ10系一次車のデハ3両のうち1103は戦災に遭い、1101と1102が5440形となってそのまま残る。写真は単車の5440で、試運転中の姿を副運転台側から。外観はパンタが1基になった以外、特に変化がない。

1954.10　春日部　P：竹中泰彦

クハ400形404(クハ1105→クハ404→クハ400Ⅱ→クハ3663)。「Blue Bird」のマークが幕板中央に付いた姿。デハ10系二次車のクハとして1937(昭和12)年に新製された1104～1106の1両。大改番でクハ400形と名前を変え、404は1950年に深紅色に黄色帯に塗り替え「フライング東上号」用となった。1951(昭和26)年に日車で改装を受け、前部に放送室と放送員室を設置して、青色に黄色塗装になった。

1950年頃　場所不明　P所蔵：豊永泰太郎(撮影：園田正雄)

1937(昭和12)年に改番されてデハ11形1101～1103、クハ11形1101～1103となった。昭和20年に1103は戦災に遭い1947(昭和22)年に復旧。1951(昭和26)年の大改番でモハ5460になった。1103を除く2両は1951年の大改番でモハ5440形5440・5441になった。クハはクハ400形400～402に改番されたが、同年の特急車復活に伴う改造でクハ350形350～352になった。

デハ10系一次車であったモハ5440・5441はクロスシートに戻ることなく更新モハ3153・3156・3558の種車に、クハ350・351・352は更新サハ5205・クハ5605・5405の種車となって消えた。

1.7.2　後期特急車型

1937～1940(昭和12～15)年に製造された特急専用車後期型で、車体は車端部で各150mm、全長で300mm延長されて車体長17,800mmになり、前照灯が砲弾型の流線形カバー付きになった。内訳はデハ11形デハ1104～1108、クハ11形クハ1104～1108の合計10両である。製造所はデハ5両全車とクハ1108が日車、他のクハ4両が汽車である。台車は日車製となり、デハはD18A(軸距2,450mm・東武形式TRN-37)、クハはD16B(軸距2,135mm・東武形式TRN-29T)となった。

1938(昭和13)年、クハ11形1107が汽車で製造された。1104～1106と同一仕様である。1939(昭和14)年には車体をさらに延長して車体長18,000mmとして、窓幅を20mm拡大して820mmへ、シートピッチも40mm拡大したデハ12形1107・1108が日車で増備された。この2両の台車は日車製D18A-W1(東武形式TRN-38)で、全溶接で製作された日本初の台車となった。1940(昭和15)年にクハ1108が日車で増備された。クハ11形であるが、それまでの汽車製のオールクロスシートのクハ11形とは異なり、両運転台のデハ型車体で車端部をサイドシートとするセミクロスシート車となった。ただし、浅草向き運転台のみの片運転台車で日光側にあるトイレの反対側に運転機器は設置されていなかった。

デハ12形1107の進駐軍用完全整備車（デハ1107→モハ5445→モハ5313→モハ5105→モハ3175）。1107は1106とともに進駐軍用として1948（昭和23）年に完全に整備されて復活、その直後の姿である。前照灯は流線形カバー付き。日車の溶接台枠のD18-W1台車（TRN-38）が確認できる。デハ10系の三次車のデハ12形として登場した1107・1108は戦災に遭わず、戦後の改番でモハ5440形となったのちに機器交換を受けてモハ5313・5314となって復活した特急の先頭に立った。
1948.2.11　西新井電車庫　P：中村夙雄

1945（昭和20）年にクハ1107は戦災に遭い、1947（昭和22）年に復旧。1951（昭和26）年の大改番でクハ351になった。クハ1106も1945（昭和20）年の戦災で1948（昭和23）年に復旧。1951（昭和26）年の大改番でクハ350になった。クハ1104・1105はクハ400形403・404になり、同年の特急車への復活に伴う改造でクハ350形353、クハ400形400になった。デハ1104～1108は1951（昭和26）年の大改番で一旦モハ5440形5442～5446になったが、前期型の5440・5441を除く後期特急車型の５両は、同年に性能向上を目的として1948（昭和23）年製のモハ5300形の電装品であるCS-5制御器、東洋電機製TDK-528/9-HM主電動機に換装する改造が行われてモハ5310形5310～5314に改番された。同年の特急車への復活に伴う改造でクハ350形353、クハ400形400になった。

戦災車クハ1106・クハ1107改めクハ400・クハ402（いずれも二代目）は焼けた車体のたたき直しを行った車両のため状態が悪く、1960（昭和35）年に津覇車両で車体を新製し、載せ替えられた。新車体はほぼ原形通りであるが、前面貫通型のノーリベットで、車体裾の切り込みもなくなった。窓配置はd1D10D3となって車端部側の側窓が１枚増えている。新車体のクハとなってすぐの1961（昭和36）年には、荷電化改造で不足した電動車を補うために電動車化改造が行われ、モハ5310形に編入し、クハ401→モハ5315・クハ402→モハ5316となった。電装品は他のモハ5310形と同一のCS-5制御器、TDK-528/9-HMで、モハ5314の追番とされた。なお、電装化と同時にクロスシート化されたが、窓割とシートピッチは一致していなかった。クハ346・347と２両固定編成を組んだ。

モハ5315－クハ346

モハ5316－クハ347

1971（昭和46）年10～11月に5311－351と同様に、5315－346、5316－347はロングシート化された。モハ5310～5316は更新モハ5304・5505・5104・5105・5305・5101・5504の種車に、クハ353・400・354は更新クハ5404・クハ3663・サハ5204の種車となった。

クハ11形1106戦災復旧車（1947年12月諏訪工業修復・旧クハ1106（クハ11 ？）（クハ1106→戦災→復旧→クハ350（Ⅰ）→クハ332（Ⅱ）→クハ401（Ⅱ）→モハ5315→モハ5101→モハ3171）。西新井で撮られた３両の戦災復旧車の中の１両。窓には桟が入り、引戸ガラスは板張りの荒廃した姿。側面中央に大きな車番が見えるが判読できず。貫通路がある同車は原形を保っている。1961年に電装化してモハ5315となる。
1948.2.11　西新井工場
P：中村夙雄

デハ1201形1208？（デハ1208→モハ5456→モハ3358）。「東京 日本車輌」の白ペイントが初々しい納入直後で、1943（昭和18）年の撮影と思われる。デハとはいっても床下機器は電装品もブレーキシリンダもない。この頃はメーカーから車体と走り装置を購入して電装は自社工場内で施工するというケースが通常であった。鉄道ピクトリアル1990年12月臨時増刊号『東武鉄道特集臨時増刊号』の金野智氏「東武デハ10系とその頃の東武電車」によると、「デハ1201の日車銘板は昭16、デハ1202～1208は昭17で、未電装ながらの就役は昭18とおくれた。約1年近く、クハ代用で運用された後、前者浅草寄にパンタグラフを1基載せ（デハ10～12形は2基）、日光寄運転室にも機器を入れ、両運転台形の本来のデハとなった。」とある。写真は副運転室側からのアングルで、白い窓部分にトイレがあり通路を隔てて反対側が運転室となっている。
1943年頃　西新井？　P所蔵：鈴木靖人

1.7.3　後期普通車型

1943（昭和18）年製造の後期型特急車に準じたオールロングシートの普通車で、形式はデハ1201形となり、1201～1208の8両全車が日車で製造された。車体長17,600mmと変わらないが、車端部の窓が各1枚増えて中央部の窓を2枚減じ、出入口は幅1,100mmに拡大して中央に寄せられ、窓配置はd2D8D2 1となった。台車は日車製D18A（東武形式TRN-37）である。

1945（昭和20）年にデハ1203は戦災に遭い、1948（昭和23）年に復旧。1951（昭和26）年の大改番でモハ5460形5461になった。1203を除く7両は1951（昭和26）年の大改番でモハ5450形5450～5456となった。

モハ5450～5456・5461は更新モハ3563・3562・3557・3157・3561・3159・3358・3357の種車になった。

1.7.4　後期普通車型（商工省統制規格型車）

1946（昭和21）年に制御車のみ5両が汽車で製造された後期型特急車に準じたオールロングシートの普通車で、形式はクハ1201形1201～1205である。車体長は18000mmに延長され、後位側の窓が1枚増えて窓配置はd2D8D4となった。1943（昭和18）年のデハ1201～1208に続いて完成予定だったが、資材不足で遅れ、敗戦後になって納入された。

デハ10系グループの最後となったクハ5両は1943（昭和18）年のデハ1201形の相方クハの付番となっているが、1944（昭和19）年の戦時中の商工省統制規格型により造られたいわゆる戦時設計の車両で、車体の造作が異なり、前面は従来の丸い妻面をやめてフラットとなり、優雅さが消えて武骨な顔付きに一変。工作の簡易化が容易に伺える外観になった。そして、実際の入線は敗戦後となり、戦後最初の新車となった。

5両揃って1951（昭和26）年の大改番で一旦クハ410形410～414になったが、1950～1951（昭和25～26）年は客車の鋼体化によりクハ500形24両が完成し、相方のモハが不足する事態となってしまった。そのため比較的にM化の容易なこの形式が選ばれ、同年に電装化改造されて全車が頭に5を冠してモハ5410形5410～5414になった。1960（昭和35）年に運転室を全室式に拡張する際にトイレが撤去され、左側にも乗務員扉が設置された。クハ500形とMc+Tcの永久固定編成を組んだ。

モハ5410～5414は更新モハ3155・3552・3551・3158・3553の種車になった。

モハ5300形5303(モハ5300→モハ3202→モハ3569→モハ3118)。東武らしくない運輸省規格型電車。関西鉄道同好会発行の『CLUB CAR』No.27 1949年1月号「東武の新車」で中村夙雄氏は、「はじめに来た日車のはモハ5700・5701となっていたが5300・5301に改番。汽車のははじめから5302～5305でデハとなっていた」とのことである。最後は3000系更新の種車になった。
1949.12.9　西新井電車区
P：中村夙雄

1.8　昭和23年・運輸省規格型

1948(昭和23)年にモハ5300形5300～5307、クハ330形330～333が製造された。5300・5301が日車で、5302～5307とクハ4両は汽車製である。

1947(昭和22)年に運輸省で私鉄電車規格が設定された。これは当時、極度に不足していた資材を最も有効に使用するため、車体用部の寸法を指定したもので、当時は規格外指定工場外の新製は認められなかったのである。

東武鉄道はA'型を採用してMc車8両、Tc車4両の割り当てを得た。A'型の仕様は以下の通りである。

- ・車体長：17m／車体幅：2.7m
- ・車体構造：半鋼製車(丸屋根・キャンバス張)
- ・窓：2段階上昇窓(700mmまたは800mm)
- ・ドア：1,000mmまたは1,100mmの片開き)
- ・ドア数：2または3

これがモハ5300形、クハ330形である。ただし、モハ・クハともに台枠は鉄道省の大正時代の客車用台枠UF12を譲受して製造したため、規格より小さな寸法となり、車体長16,400mmになった。

しかし12両では足りず、さらに自社戦災車・事故車の復旧名目でほぼ同一設計のTc車10両を2回に亘り追加した。最初がクハ330形334・335(モハ5300形と永久編成。クハの不足2両は戦災復旧車クハ1106・1107で充当)、クハ430形430～437(車幅が5300形、330形の2,740mmに対して2,800mm)である。他社の規格型車は一応、従来の伝統的なタイプを踏襲したものが多いが、東武は台枠が古物流用であまり自由な設計ができず、営業距離が長くクロスシートやトイレを備えた長距離輸送需要の大きな東武鉄道にとっては初の近距離用17m級3扉車の導入となった。窓配置はd1D4D4D2で、800mmの窓が80mmの間柱でドア間に4枚並んだいわゆる「関東型」と呼ばれるスタイ

クハ330形331(クハ423→サハ3258)。1948(昭和23)年日車で新造後間もない姿。新造とはいえ客車の台枠流用で、UF12上の木造車体を取り払い、規格型の新造車体を載せた電車である。TR11台車も流用で、屋根上にはパンタ台が見える。中村氏によると、「当初クハ700～705だったが330形に改番した」とのことである。1973年にサハ3258に更新されて1996(平成8)年まで走り続けた。
1949.4.7　西新井電車区
P：中村夙雄

クハ420形427（クハ330→クハ427→モハ5201→モハ3360）＋モハ。
亀戸線で、同じ運輸省規格型電車のモハと組んだクハ427亀戸行。クハ330の電磁空気カム軸式CS-5対応のマスコン搭載車を表す300番代から電動カム軸式MC・PR用のマスコンに交換して400番代を名乗り、クハ420形427となった。1957年に電装化されてモハ5201に、1973年にモハ3360に更新された。写真はクハ427に改番された直後の姿。
1952.4.13　曳舟　P所蔵：佐藤進一

ルである。

同じA'型規格を採用した例としては東急3700系があるほか京急、小田急、京王帝都等でよく見られる近距離型通勤車の標準的なスタイルである。車体外板の裾が短く切り上り、台枠が露出した外観がわずかに東武らしさを感じさせた。客用扉下にステップのない半鋼製車体で妻面はフラットの平妻で非貫通３枚窓である。全室運転室構造で運転席は中央である。

パンタグラフは鉄道省制式のPS-13を前位に搭載。屋根上にはガーランド式通風器が中央一列配置となった。電装品は運輸省の「私鉄郊外電車設計要綱」に基づき、制御器や主電動機についても規定が設けられており、制御器は鉄道省制式の電磁空気カム軸式のCS-5、主幹制御器（マスターコントローラー）はCS-5に対応した３ノッチの刻みを持つMC-1を採用。EEのデッカー方式を継承する東洋電機のES530やデハ10系以降で日立製作所のMCH-200Dの電動カム軸式が主流となった東武としては戦前の電装化改造車でゼネラル・エレクトリック社（GE）由来の日立製電磁空気カム軸式のPR H-200形（CS-3）を使用しており、戦後になって鉄道省モハ63形割当車のモハ6300形に続く電磁空気カム軸式制御器の採用となった。主電動機は東洋電機製TDK-528/9-HMを採用。出力は110kwで、デハ10系の日立製 HS-266系と同等であるが、全界磁時における定格回転数がHS-266の1,000rpmに対して1,180rpmと、約20％高い回転特性を持つ主電動機である。歯車比は62:18=3.44となった。

TDK-528主電動機はモハ5300形で東武初採用となったが、その後5700系にも搭載され、東武の吊り掛け駆動車の標準モーターとなった。台車は新扶桑金属製のイコライザー式のKS-33L（東武形式TRK-49・TRF-48A）であるが、軸距は2,300mmと短くなった。

戦後になって特急運転が再開され、デハ10系を出自とする車両のうち、モハ5440形として再編された車両の多くが特急用車両として整備されていたが、それらの性能向上目的で高速回転に優れたTDK-528/9-HM主電動機を含む主要機器を供出し、モハ5440形に搭載された主要機器と機器交換する工事が1951（昭和26）年に行われ、モハ5300形5303～5306はモハ5430形5431～5434になった。旧モハ5303～5306の連結相手となっていたクハ330～333についても主幹制御器（マスコン）の換装が行われ、モハとの機器統一が図られると同時に改番が行われた。下表のように、モハ3202～3205は更新モハ3569～3572の種車に、モハ5431～5434は更新モハ3559・3555・3356・3352の種車になった。

モハ5300（CS-5/MC-1/TDK-528）	→	モハ3202（US-531/M8-D/DK-91）		
モハ5301（CS-5/MC-1/TDK-528）	→	モハ3203（US-531/M8-D/DK-91）		
モハ5302（CS-5/MC-1/TDK-528）	→	モハ3204（US-531/M8-D/DK-91）		
モハ5303（CS-5/MC-1/TDK-528）	→	モハ5431（MCH-200D/M8-D/HS-266）		
モハ5304（CS-5/MC-1/TDK-528）	→	モハ5432（MCH-200D/M8-D/HS-266）		
モハ5305（CS-5/MC-1/TDK-528）	→	モハ5433（MCH-200D/M8-D/HS-266）		
モハ5306（CS-5/MC-1/TDK-528）	→	モハ5434（MCH-200D/M8-D/HS-266）		
モハ5307（CS-5/MC-1/TDK-528）	→	モハ5303（二代目：昭和26年改番）	→	モハ3205（US-531/M8-D/DK-91）

クハ330（MC-1）	→	クハ427（M8-D）
クハ331（MC-1）	→	クハ423（M8-D）
クハ333（MC-1）	→	クハ331（M8-D）

Column　3000系列 Before-After

ここでは昭和40年代の車体更新の前後で、車体外観がどのように変化したかを一例を挙げて紹介しましょう。

クハニ270形271。1928(昭和3)年日車製のクハニ8が戦後の大改番でクハニ271となった頃の姿。写真は後位側からで、荷物室用の扉が見える。窓は一段下降式が二段窓となっている。荷物輸送のトラック化が進んだことから1955(昭和30)年に一般車化改造を行い、下写真のクハ251となった。

1950年頃　場所不明
P所蔵：豊永泰太郎
(撮影：園田正雄)

クハニ271→クハ251→クハ3609→クハ3426

クハ251を上写真の改造前であるクハニ271と同一アングルから見る。後位側にあった荷物室の客室化で荷物室扉が撤去され、トイレとなっている。オレンジ+ベージュ時代で、このあと3000系に更新されクハ3609となった。

1967.4.23　野田電車区
P：矢崎康雄

クハ3400形3426。3000系に更新され、4両編成のクハとなったが、その後の編成替えでモハ3100形と2両固定となった晩年のジャスミンホワイト・ロイヤルブルー・リフレッシュブルー色時代。種車クハ251の来歴を物語るのは、わずかに台車の弓形イコライザーのみである。

1990.9.9　大宮　P：荻原二郎

モハユ3290形3290 。荷物電車として単行で活躍中の姿。検査表記が「28-9・29-9浅工」と読める。「40.20沌」とあり、車体の大きさの割には重い電車であることがわかる。97kwのモーターでは、連続25‰の日光まで3時間かかるのは精一杯のことだったであろう。1928(昭和3)年汽車製の車体は車体裾の切込みのない一直線である。
1953～54年頃　場所不明
P：鈴木靖人

デハユ1→モハユ3290→モハ3537→モハ3504

モハ3500形3537。車体更新が完成し、「回送」を掲げて到着直後の姿と思われる。3000系更新車は2000系と同じ車体サイズであったが、前頭部は踏切障害対策として8000系の高運転台型を採用。新しい車体と明るい車内は利用客に大いに歓迎されたであろう。
1966.7.11　野田電車区
P：宇野　昭

デハニ4形31。1927(昭和2)年川崎造船製の31は前面が3折平面となっている。前照灯右側には、車体下から垂直に伸ばされたパイプの先に取り付けられた汽笛が見える。　1943.4頃　西新井
P：沢柳健一

デハニ31→モハニ3279→モハ3511→モハ3112

モハ3100形3112。3000系更新後セイジクリーム時代の姿。車体の特徴が消えると、台車の違いが露わになって種車の面影を偲ぶことが出来るようになった。3112の履く台車は住友KS-31L(東武形式TRS-28M)で、3000系全236両の中で最も多い64両が使われている。
1981.11.15　七光台検修区
P：宇野　昭

モハ3500形3536(デハ34→デハニ34→モハニ3282→モハ3536→モハ3116)を先頭にした４両。1968(昭和43)年以降、3000系更新は中間２両ユニットの生産に注力し、先頭２両固定の間に入れて４両編成を組成。1971(昭和46)年２月までに４両×30本・２両×７本が揃えられた。同年11月に3000系は改番が行われ、モハ3536はモハ3116となった。写真は改番前のもので、当時は鋳鉄制輪子使用のため、車体の汚れが目立つ。
1969.9.12　七光台検車区　P：宇野　昭

2. 東武3000系更新車

2.1　3000系概説

東武3000系はローカル線の近代化のために生まれた18m級３扉の吊り掛け駆動の通勤型電車で、戦前・戦後生まれの旧型車の台車・モーター・電装品を流用し、1964～1971(昭和39～46)年にかけて車体を新造して生まれ変わった236両のうちの最初の134両である。

車体は地下鉄日比谷線直通車2000系と同じ窓配置・車体長とした18m両開き３扉で、前面は8000系と同じデザインの高運転台とした吊り掛け駆動車である。当初は東上線川越電車区に投入されたが、後に全車が野田線七光台検修区に移籍した。戦前の旧モハ32系とその制御・付随車を種車として製造された134両はモハ3500形+クハ3600形の２両固定として、モハに主制御器、主電動機、主抵抗器、PT42-Jパンタを搭載。クハには、サービス電源用の交流電動発電機、

写真左からクハ3631＋モハ3582の先頭車同士の連結部。クハは7月、モハは8月に更新を終えたばかり。モハの運転室の床が客室床より125mm上がり、正面窓下の外板が強化されているのがわかる。台車はクハ3631が日車D16B(TRN-29T)、モハ3582は日車D18A(TRN-37)で、軸距はクハが2,130mm、モハが2,450mmである。形式の16と18は１台車あたりの心皿重量のトン数を意味している。
1968.8.15　六実　P：日暮昭彦

モハ3100形3119(デハ33→デハニ33→モハニ3281→モハ3535→モハ3119)。1971(昭和46)年の改番直後の姿。台車は住友KS-31L(TRS-28M)である。
1972.5.21　七光台検修区　P：中村夙雄

サハ3200形3219(ホハ39→サハ30→サハ87→クハ564→サハ3635→サハ3219)。客車用の国鉄TR11形台車を履く。3000系の車輪はスポークが多かったが、この車は圧延プレート車輪である。TR11は3000系全体で41両に使われていて、そのうちサハ3200形には20両が使われている。
1972.5.21　七光台検修区　P：中村夙雄

電動空気圧縮機、蓄電池が分散して搭載された。

電装品はEEのライセンス供与を受けたデッカー方式のES-530または同等品のUS-531、TN-530を搭載。主電動機は出力97kwのDK-91/Bで歯車比は21:59=2.81である。運転室の主幹制御器(マスコン)はM8-Dで、9ノッチ+デッドマン装置付きである。M8-Dは自動加速と手動加速が選択可能で、レバーサハンドルを前進位置に入れた状態でハンドルから手を離すとバネの反力によってレバーの先端が跳ね上がり、非常制動が動作するという仕掛けである。

足回り以外では低圧電源用の交流電動発電機は東芝電機の新品で、5.5KVAのCLG-336Bを搭載。電動空気圧縮機はDH-25Dである。サービス電源は交流となって扇風機も完備。乗客にとって3000系は動き出さなければ日比谷線直通の2000系や8000系等の新型車と全く見分けがつかない新しい電車に生まれ変わった。

戦前戦後の種々雑多な経歴を持った車体の長さや窓の大きさも異なる車が編成を組み、とてもスマートとは言えない凸凹な姿であった。これらが3000系への更新が進み、車体の形の違いが消えて気にならなくなると、今度は台車の形態の違いに目が行くようになる。米国BW社の釣合梁(イコライザー)式Aタイプを基にした国産各社の台車である住友製の鋳鋼台車枠・弓型イコライザー、日車や汽車製の帯鋼打込ボルト組立台車枠のイコライザー、客車由来の国鉄型TR11、

モハ3300形3301(デハ78→モハ3246→モハ3550→モハ3301)。1969(昭和44)年に中間車ユニットのモハとして更新。床下機器は先頭車も中間車も運転に関わる機器を除けば基本的に共通である。台車は住友KS-31L(TRS-30)で、3000系・3050系のうち7両に使われている。
1972.5.21　七光台検修区　P：中村夙雄

クハ3400形3428(クハニ25→クハニ285→クハ264→クハ3631→クハ3428)。1968(昭和43)年の更新当初は2両固定であったが、後に中間ユニットの2両が入って、4両固定のクハとなった。台車は日車D16B(TRN-29T)で、3000系・3050系の11両に使われていた。
1972.5.21　七光台検修区　P：中村夙雄

戦後の防振対策のとられたウイングばね、特急車用のゲルリッツ型に至るまでの様々な台車が見られ、3000系の4両全ての台車が違うという編成も珍しくなかった。例えば、モハ3100形は住友ST31L、サハ3200形は国鉄TR11、モハ3300形は日車D-16、クハ3400形は住友KS-30Lか、汽車会社等の戦後の国鉄客車TR47似のウイングばねという例がよく見られた。台車の発達史の一端が見られる東武3000系は別名「台車の博物館」と言われることもあった。

3000系の台車はモハ・クハ・サハともに釣合梁(イコライザー)式で、モハが2メーカー4形式(東武内5形式)、クハ・サハは3メーカーと客車由来の国鉄TR11を合わせて8形式(東武内7形式)となって多岐に亘り、詳細は以下の通りである。

○モハ

・住友製鋼所製KS-31L(東武形式TRS-28M、TRS-30)
・日本車輌製D-16A・D-18A・D18A-W1(東武形式TRN-29M・TRN-37・TRN-38)

○クハ・サハ

・住友製鋼所製KS-30L、KS-33L、KS-31L、KS-31(東武形式TRS-26、TRS-28T、TRS-29、TRS-35T)
・日本車輌製D-16B・D-18B(東武形式TRN-29T)
・汽車会社ボールドウィン形(東武形式TRK-27・TRK-29)
・国鉄TR11

モハ3500形3505(デハ22→デハニ22→モハニ3271→モハ3505→モハ3104)。種車のモハニ3270形は初期に更新されて1967(昭和42)年に姿を消した。主制御器が見える。台車は住友KS-31L(TRS-28M)である。
1967.3　六実　P：宇野　昭

クハ3600形3618(クハユ1→クハユ290→クハ3618→クハ3604)。1927(昭和2)年クハユ1形第1号車からの更新。住友の弓型イコライザーが種車の来歴を物語る。相方のモハ3537とともに更新が完成して到着した姿。DH-25電動空気圧縮機と手動ブレーキの大きな滑車が見える。台車は住友KS-33L(TRS-28T)で、軸距は2,130mmとモハの台車に比べて小ぶりである。
1966.7.11　野田電車区　P：宇野　昭

更新は1964(昭和39)年12月～1971(昭和46)年2月にかけて行われ、台車別に番号が付番された。モハ3500形は最も多いKS-31L(東武形式TRS-28M)を履く車から3501～に付番された。クハ3600形はKS-30L(東武形式TRS-26)を履く車の8両が対象車となり、3601～3607に付番され、3608以降はKS-33L(東武形式TRS-28T)と続いた。当初はモハ3500形+クハ3600形の先頭車2両固定で更新が始まったが、野田線では4両編成の運用が増えたので、1968(昭和43)年8月以降はモハ3500形+サハ3600形の中間2両ユニットの更新が始まり、2両固定に挿入して4両固定×30本=120両、2両固定×7本=14両の134両が揃えられた。

車番は台車形式別に付番されたが、更新開始前から踏切事故で大破して休車となり、復旧を待たずに更新される車が続出する事態が続き、付番順に更新という計画は当初から頓挫してしまう。1964(昭和39)年12月に最初に出場したのはモハ3503(旧モハ3206)+クハ3670(旧クハ558)であった。

付番では混乱が生じる中、更新工事を行う西新井工場内にある津覇車両工業では、1954(昭和29)年に東武鉄道の指定業者になって以来、車両の更新修繕を通じて着々と実績を重ね、1959(昭和34)年から1964(昭和39)年8月にかけて7300系の車体更新58両(最初の

モハ3100形3111他4＋2連(デハ72→モハ3240→モハ3544→モハ3111)。セイジクリーム時代。台車は住友KS-33L(TRS-28T)である。
1981.11.15　七光台検修区　P：宇野　昭

2両7329＋329は日本車輛で施工)が完了したばかりであり、3000系更新に当たっては盤石の体制であったと言える。

ほぼ6年間で134両の更新は年間で23両弱となり、月産約2両のペースである。他社では類を見ない大きな規模の車体更新で、1975(昭和50)年までの10年間に236両の更新工事が続くことになった。

1971(昭和46)年2月のモハ3541(旧モハ3237)＋サハ3682(旧モニ1170)の出場をもって3000系134両の更新が終了。モハ3500形とクハ3600形、サハ3600形の混乱した車番は、3050系の更新が始まった後の1971(昭和46)年11月に3050系更新車と同様に改番が行われ、下記の様に整理された。

大宮・浅草←　◇　◇　◇　→柏

モハ3100形	サハ3200形	モハ3300形	クハ3400形		モハ3500形	クハ3600形

※モハ3100形とモハ3500形、クハ3400形とクハ3600形は同型である。
※柏～船橋間ではスイッチバックのため上下の向きが逆になる。

上毛電鉄デハ316－クハ326中央前橋行(東武モハ3106－クハ3406→上毛デハ316－クハ326→デハ316－クハ336)。1989(平成元)年から上毛電鉄で活躍を始めた。東武時代と外観にほとんど変化は見られない。デハ316の台車はKS-31L(TRS-28M)である。後ろのクハ336は1993(平成5)年に台車を国鉄TR11に履き替えた際、形式をクハ330形336に改めた。
1991.4.13　大胡　P：宮下洋一

■3000系編成表（6両固定化後）

大宮・浅草← →柏

モハ3100形	サハ3200形	モハ3300形	サハ3200形	モハ3300形	クハ3400形	モハ3100形	クハ3400形
モハ3102	サハ3203	モハ3303	サハ3202	モハ3302	クハ3402	モハ3103	クハ3403
モハ3105	サハ3206	モハ3306	サハ3205	モハ3305	クハ3405	モハ3106	クハ3406
モハ3111	サハ3212	モハ3312	サハ3211	モハ3311	クハ3411	モハ3112	クハ3412
モハ3113	サハ3214	モハ3314	サハ3213	モハ3313	クハ3413	モハ3114	クハ3414
モハ3116	サハ3217	モハ3317	サハ3216	モハ3316	クハ3416	モハ3117	クハ3417
モハ3123	サハ3224	モハ3324	サハ3223	モハ3323	クハ3423	モハ3124	クハ3424
モハ3125	サハ3226	モハ3326	サハ3225	モハ3325	クハ3425	モハ3126	クハ3426
モハ3128	サハ3229	モハ3329	サハ3228	モハ3328	クハ3428	モハ3129	クハ3429

※柏～船橋間ではスイッチバックのため上下の向きが逆になる。

2.2　東武3000系その後

●6両固定編成化

全車が野田線七光台検修区に集結した3000系134両は1977（昭和52）年7月から1979（昭和54）年10月にかけて6両固定化に伴う一部の編成替えが行われ、6両編成×8本、2両編成×8本に組成された。上記の通りである。

●保安ブレーキ（予備直通ブレーキ）取付

1976～1977（昭和51～52）年に取り付けられた。

●列車無線取付

1985～1986（昭和60～61）年に取り付けられた。

●廃車と上毛電鉄への譲渡

冷房化の進展と車両の老朽化により1987（昭和62）年2月から3000系の廃車が始まり、1992（平成4）年3月末をもって134両全車が東武鉄道での務めを終えた。

このうち24両は上毛電気鉄道へ譲渡された。1989（平成元）年から1990（平成2）年にかけて車体塗色を上毛色に塗り替え、310系として赤城山麓を走り始めた（3頁カラー写真参照）。デハ310形＋クハ330形の2両×9本＝18両に組成され、残る6両は部品確保用となった。

1995（平成7）年4月から1996（平成8）年5月にかけて、東武で廃車となった弟分の3050系改造の350系に置き換わる形で310系の廃車が始まり、同年12月で全車が役目を終えて、旧モハ32系は消滅した。

■車両竣工図表モハ3503～3505・3516　昭和39年12月　東武鉄道　資料所蔵：稲葉克彦

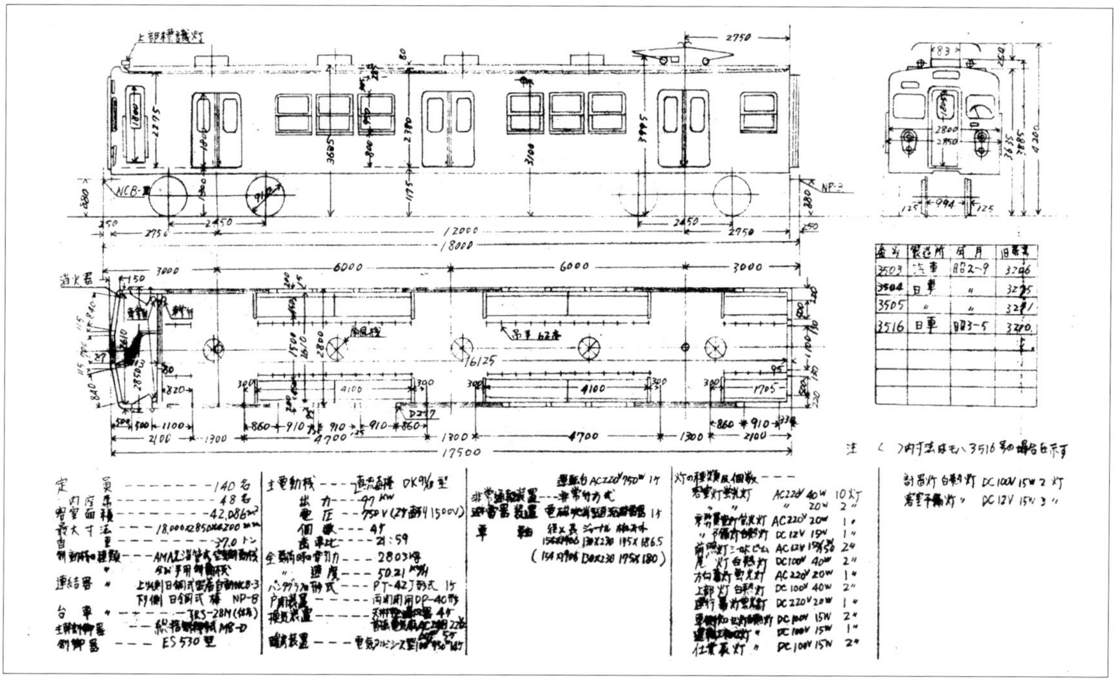

秩父鉄道に直通する観光用急行列車「フライング東上」号に充当されるモハ3217＋クハ404＋サハ99＋モハ5454の４両編成（長瀞行）。先頭のモハ3217は後に更新されてモハ3521→モハ3328となった。塗色は東武色に黄帯で、他の文献では深紅に黄帯とある。翌年には青色となった。
1950.4.9　池袋　P：丸森茂男

３．東武3000系の種車写真（上）

この項では、3000系列に更新されてほぼ統一された姿となる前の、種車の１両１両について、上巻ではモハ3200～3247までを取り上げる。この中ではデハ４形由来の3200・3206と事故焼失復旧で運輸省規格型タイプの車体に乗せ換えた3201、運輸省規格型電車モハ5300形由来の3202～3205、デハ５形由来の3210～3247の３つに分類される。バラエティ溢れるその姿を堪能していただきたい。

■車両竣工図表 デハ７形56～80　昭和７年１月改造　東武鉄道　　資料所蔵：稲葉克彦

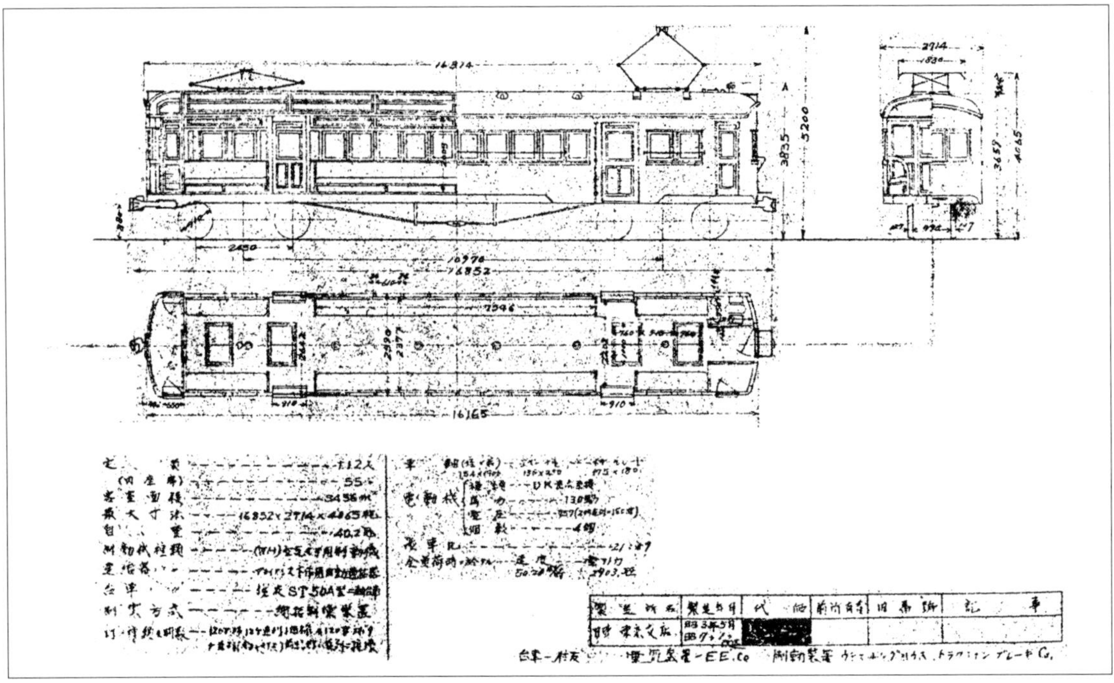

モハ3200(→モハ3501→モハ3313)。川越市駅に停車中の越生線直通越生行。旧デハ4形最初のデハ17は、18とともに両端に貫通扉が付き、運転室は左側隅にある。
1955.9.12　川越市
P：丸森茂男

モハ3201(→モハ3502→モハ3109)を先頭にクハ240+サハ91+モハ3221準急寄居行。モハ3201は1952(昭和27)年6月に越生線坂戸町で事故全焼し、同年に日車で車体を新製して復旧、運輸省規格型スタイルとなった。当初は両運転台で、後に片運転台に改造された。
1956.5.20　池袋　P：中村夙雄

モハ3202(→モハ3569→モハ3118)。1948(昭和23)年に日車で運輸省規格型のモハ5300として製造。前面は省電モハ31系に似た雰囲気を持つ。検査表記が37-6/40-6とあり、1962(昭和37)年頃の撮影と思われる。
1962年頃　柏　P：合葉清治

モハ3203(→モハ3570→モハ3124)ほか野田線4連。台車は日車の溶接台車枠のD18-W1(TRN-38)を履き、更新車にも引き継がれた。
1966.6.26　梅郷　P：中村夙雄

モハ3204(→モハ3571→モハ3505)。露出している台枠が車端部で絞られているのは鉄道省17m級客車用のUF12台枠に見られる特徴である。連結相手はクハ265。
1958.1.19　野田電車区　P：中村夙雄

モハ3205(→モハ3572→モハ3126)。1948(昭和23)年に運輸省規格型として汽車会社で新製されたモハ5307が5303(二代目)を経て旧モハ2200形の電装品に交換し、モハ3205になった。
1962年頃　野田電車区？
P所蔵：宇野　昭

モハ3206(→モハ3503→モハ3101)。1927(昭和2)年製デハ4形29を1931年にデハニ29に改造。1951年の改番でモハニ3277となり、1956年に荷物室を撤去し一般車に戻ってモハ3206となった。
1958.1.19　野田電車区　P：中村夙雄

モハ3210(→モハ3516→モハ3102)他3両による船橋行。1928・1929(昭和3・4)年日車と汽車でデハ5形37～80として製造された44両のトップナンバー37が1951年の改番でモハ3210形3210となった。1957年3月に正面貫通化改造で運転台は中央から左側に寄せられた。
1962.9.5　野田市　P：宇野　昭

モハ3211(→モハ3552→モハ3327)のオレンジ+ベージュ2色時代。1956年8月に正面貫通化され、同時に他の車と同様に副運転台とトイレの撤去も行われている。その後正面窓はHゴム支持となっている。
1965.9.18　野田電車区
P：宇野　昭

モハ3212(→モハ3553→モハ3315)。1956年８月に正面貫通化の際、副運転台とトイレを撤去。その後正面窓がHゴム支持になっている。
1969.9.12　七光台検車区　P：宇野　昭

モハ3213(→モハ3540→モハ3302)。1956年10月に正面貫通化の際、副運転台とトイレを撤去して片運転台車になった。その後正面窓がHゴム支持になっている。
1969.9.28　七光台検修区
P：中村夙雄

モハ3214(→モハ3518→モハ3318)のオレンジ+ベージュ２色時代。1957(昭和32)年2月に正面貫通化の際、副運転台とトイレを撤去して片運転台車になった。正面窓が木枠の原形を保っている。
1966.7.11　野田電車区
P：宇野　昭

モハ3215(→モハ3519→モハ3324)の茶色1色時代。前面はまだ非貫通であるが、1957年2月に正面貫通化改造がなされた。
1956.1.17　寄居　P：丸森茂男

モハ3216(→モハ3520→モハ3123)による東上線準急寄居行で、茶色1色時代。3216は1957年12月に貫通化改造され、その際に運転台は中央から左側に寄せられた。パンタは前位側のみである。検査表記が34-12/37-12・上に35-1?/36-1?と判読できるので、1960年頃の撮影と思われる。
1960年頃　池袋　P：鈴木靖人

モハ3217(→モハ3521→モハ3328)のオレンジ+ベージュ2色時代。1957年12月に正面貫通化改造がなされた。後位側にパンタがある。
1966.6.26　春日部
P：中村夙雄

モハ3218(→モハ3522→モハ3303)オレンジ1色時代。正面非貫通の中央運転台が残り、前位側パンタが撤去されている。
1963.9.22　川越電車区
P：宇野　昭

モハ3219(→モハ3523→モハ3506) +クハ410による東上線準急川越市行。茶色1色時代。正面非貫通で前位側パンタ付き。　1958.8.16　成増
P：阿部一紀

モハ3220(→モハ3524→モハ3311) のオレンジ1色時代。正面は非貫通で前位側パンタ付き。
1962.12.30　池袋
P：阿部一紀

モハ3221(→モハ3525→モハ3114)他による東上線急行「さだみね」号小川町行。オレンジ1色時代。正面非貫通で前位側パンタ付き。
1963.9.22　川越市　P：宇野　昭

モハ3222(→モハ3526→モハ3329)の茶色1色時代で、東上線準急寄居行。正面非貫通で前位側パンタ付き。モハ3222の隣に全鋼製車体のクハ231が見える。
時期不詳　P：園田正雄・所蔵：豊永泰太郎

モハ3222(→モハ3526→モハ3329)の後部で、オレンジ＋ベージュ2色時代。後位側にはパンタ台と歩み板が残る。連結側には貫通幌がないのがわかる。
1969.9.12　七光台検車区　P：宇野　昭

モハ3223(→モハ3527→モハ3306)の茶色1色時代。後位側の副運転室を先頭にした東上線準急池袋行で、トイレは撤去されている。
1956.4　川越市　P：佐藤進一

モハ3224(→モハ3528→モハ3121)のオレンジ1色時代。正面非貫通・前位側パンタ付き。　1963年頃　寄居　P：合葉清治

モハ3225(→モハ3529→モハ3122)のオレンジ1色時代。検査出たてで床下機器や屋根上の様子がよくわかる。
1963.11.23　川越市
P：中本雅博

モハ3226(→モハ3530→モハ3117)の茶色1色時代。正面非貫通で前位側パンタ付き。
1956.4　川越市
P：佐藤進一

モハ3227(→モハ3531→モハ3125)の茶色1色時代。後位側を先頭にした東上線準急寄居行で、前位側パンタ付き。。
1960.1.17　池袋
P：阿部一紀

モハ3228(→モハ3532→モハ3325)他による6両(2+2+2)編成の東上線準急東松山行。オレンジ+ベージュ時代で、正面非貫通・後位側パンタ付き。前位側にパンタ台と歩み板が残る。
1964.11.8　池袋　P：宇野　昭

モハ3229(→モハ3553→モハ3120)のオレンジ+ベージュ2色時代。後位・パンタ側を出した姿。旧デハ5形として登場したモハ3210形は1931(昭和6)年に後位側に副運転室を設置して両運転台車となり、番号を変えずに形式がデハ7形となった。
1967.4.23　野田電車区
P：矢崎康雄

モハ3230(→モハ3512→モハ3310)他。荒川放水路鉄橋を渡る上り準急列車で、原形を残す茶色1色時代。正面非貫通・後位側パンタ付き。その後、相方となるクハ257とともに1956年1月に快速用として更新された。　1952.12.17　小菅—北千住　P：丸森茂男

モハ3231(→モハ3513→モハ3308) +クハ256。快速用としてクハ256とともに1955年10月に固定編成化されて更新されたライトブルー＋クリーム２色時代。２パンタで正面は貫通化改造がなされ、前後に貫通幌が付いた。　1958.10.31　西新井電車区　P：丸森茂男

モハ3232(→モハ3514→モハ3314)。快速用として相方のクハ255とともに更新されたが、写真はその後茶色1色に戻された姿。　1961.5　東武日光　P：村多　正

モハ3233(→モハ3515→モハ3307)。快速用として相方のクハ254とともに更新後に茶色1色に戻された時代で、正面窓はHゴム支持化されている。　1964.3.20　新栃木検修区　P：宇野　昭

モハ3235(→モハ3539→モハ3305)。快速用として相方のクハ259とともに更新された後の茶色1色時代。1928(昭和3)年汽車製デハ5形67～73(モハ3235～3241)は車体裾の切込みがなく一直線である。
1961.5　東武日光　P：村多　正

モハ3236(→モハ3517→モハ3326)。快速用として相方のクハ258ともに更新後茶色1色に戻された姿。
1963.7.7　曳舟　P：宇野　昭

モハ3237(→モハ3541→モハ3312)のオレンジ+ベージュ2色時代。前位側は正面非貫通のまま正面窓がHゴム支持となった。後位側パンタ付きで前位側に歩み板が残る。単車使用のため両側にスノウプラウ付き。3000系の種車の中では最も遅くまで原形を留めていたが、1971年2月に更新された。
1970.3.8　七光台検修区
P：中村夙雄

モハ3238(→モハ3542→モハ3304)の茶色1色時代。原形を残す正面非貫通の姿で、２パンタ付き。　1957.1　業平橋　P：佐藤進一

モハ3240(→モハ3544→モハ3111)のオレンジ+ベージュ２色時代。正面非貫通・２パンタ付きで、更新の際に不要になったこの旧車体は救援車クエ7001に流用された。
1964.5.24　六実
P：宇野　昭

救援車クエ7000形7001。モハ3240がモハ3544に更新される際に不要となった旧車体を流用して1966(昭和41)年に登場した。パンタ、MG、CPを持つが制御器はなく、自走はできない。
1980.12.25　春日部検修区
P：宮下洋一

モハ3241(→モハ3545→モハ3319)のオレンジ+ベージュ2色時代。単車を後位側から見た姿で、2パンタ付き。
1966.1.9　西新井工場　P：宇野　昭

モハ3242(→モハ3546→モハ3317)のオレンジ+ベージュ2色時代。正面非貫通で2パンタ付き。3242～3247は1928(昭和4)年汽車製で、前年製の3241とは違い、車体裾の切り欠きがある。
1964.3.20　曳舟
P：宇野　昭

モハ3243(→モハ3547→モハ3323)の茶色1色時代。正面非貫通で2パンタ付き。
1961.2.2　業平橋　P：丸森茂男

モハ3244の前身、デハ76(デハ76→モハ3244→モハ3548→モハ3108)。後位側から。２パンタ付きで、製造後12年が経過した姿。　1941.1.1　西新井電車庫　P：中村夙雄

モハ3245(→モハ3549→モハ3330)の茶色１色時代。正面非貫通で後位側パンタ付き。前位側歩み板付き。
1962.9.5　野田電車区　P：宇野　昭

モハ3246(→モハ3550→モハ3301)の茶色１色時代。正面非貫通で２パンタ付き。　1961.5　東武日光　P：村多　正

モハ3247(→モハ3551→モハ3309)の茶色１色時代。正面非貫通で２パンタ付き。　1964.5.2　新栃木　P：中本雅博

■32形電車更新修繕予定及び組合せについて　1964.11.12　東武鉄道

資料所蔵：宇野　昭

32形電車更新修繕予定及び組合せについて

32形更新修繕は39/により工事に着手しているが、その工事の該当両車両の順序並びに更新修繕後の組合せは次の予定により施行する。

1. 更新修繕後の車両形式及び車両番号

車両形式	モハ	3500形式
	クハ	3600形式
車両番号	モハ	3501より連番とする
	クハ	3601より連番とする

2. 車両の組合せ

車両の組合せは別表の通りであるが番号整理の基本的な考え方は台車形式別に整理をする、なお今後の諸工事の状態によっては車両番号を変更することもある。
組合せについては、全車更新後に組成替により行う予定である。

3. 主要項目

		モハ	クハ
車両形式		3500	3600
自重		37.0ton	28.0ton
換算	空車	3.5	3.0
	積車	4.0	3.5
定員		140名	140名
最大寸法	長さ	18.000mm	18.000mm
	巾	2.850 〃	2.850 〃
	高	4.200 〃	3.860 〃
ボギー中心間距離		12.000mm	12.000mm
戸閉器		DP-40D	DP-40D
連結器		NCB-Ⅱ	NPB-Ⅱ
集電装置		PT-42J	—
主電動機		DK91/B	—
主制御器		US531 x ES530	—
電動発電機		—	CLG-336
空気圧縮機		—	DH-25

32形更新修繕車組合せ予定表　39.11.12現在

電動車					制御車				
新番号	旧番号	製作年度	台車形式	記事	新番号	旧番号	製作年度	台車形式	記事
3501	3200	昭-3	TRS-28M		3601	220	大-15	TRS-26	
3502	3201	〃	〃		3602	221	〃	〃	
3503	3206	〃	〃		3603	222	〃	〃	
3504	3270	昭-2	〃		3604	223	〃	〃	
3505	3271	〃	〃		3605	224	〃	〃	
3506	3273	〃	〃		3606	230	昭-4	〃	
3507	3274	〃	〃		3607	231	〃	〃	
3508	3275	〃	〃		3608	250	昭-3	TRS-28T	
3509	3276	〃	〃		3609	251	〃	〃	
3510	3278	〃	〃		3610	252	〃	〃	
3511	3279	〃	〃		3611	253	〃	〃	
3512	3280	昭-3	〃		3612	254	〃	〃	
3513	3281	〃	〃		3613	255	〃	〃	
3514	3282	〃	〃		3614	256	〃	〃	
3515	3290	〃	〃		3615	257	〃	〃	
3516	3210	〃	〃		3616	258	〃	〃	
3517	3213	〃	〃		3617	259	〃	〃	
3518	3214	〃	〃		3618	290	昭-4	〃	
3519	3215	〃	〃		3619	292	〃	〃	
3520	3216	〃	〃		3620	293	〃	TRS-29T	
3521	3217	〃	〃		3621	294	〃	〃	
3522	3218	〃	〃		3622	295	〃	〃	
3523	3219	〃	〃		3623	490	〃	〃	
3524	3220	〃	〃		3624	420	大-14	TRS-35T	
3525	3221	〃	〃		3625	421	〃	〃	
3526	3222	〃	〃		3626	422	昭-4	〃	
3527	3223	〃	〃		3627	260	〃	TRN-29T	
3528	3224	〃	〃		3628	261	〃	〃	
3529	3225	〃	〃		3629	262	〃	〃	
3530	3226	〃	〃		3630	263	〃	〃	
3531	3227	〃	〃		3631	264	〃	〃	
3532	3228	〃	〃		3632	265	〃	〃	
3533	3229	〃	〃		3633	266	〃	〃	
3534	3230	〃	〃		3634	267	〃	〃	

電動車					制御車				
新番号	旧番号	製作年度	台車形式	記事	新番号	旧番号	製作年度	台車形式	記事
3535	3231	昭-3	TRS-28M		3635	400	昭-13	TRN-29T	
3536	3232	〃	〃		3636	453	昭-25	〃	
3537	3233	〃	〃		3637	454	〃	〃	
3538	3234	昭-2	〃		3638	452	〃	TRN-50	
3539	3235	昭-3	〃		3639	296	昭-2	TRK-27	
3540	3236	〃	〃		3640	299	昭-4	〃	
3541	3237	〃	〃		3641	225	〃	TRK-29	
3542	3238	昭-7	〃		3642	226	〃	〃	
3543	3239	〃	〃		3643	470	〃	〃	
3544	3240	〃	〃		3644	471	〃	〃	
3545	3241	〃	〃		3645	472	〃	〃	
3546	3242	〃	TRS-30		3646	473	〃	〃	
3547	3243	〃	〃		3647	423	昭-23	TR-11	
3548	3244	〃	〃		3648	424	〃	〃	
3549	3245	〃	〃		3649	425	〃	〃	
3550	3246	〃	〃		3650	426	〃	〃	
3551	3247	〃	〃		3651	428	〃	〃	
3552	3211	昭-3	TRS-28M		3652	410	昭-4	TRK-27	
3553	3212	〃	〃		3653	411	〃	〃	
35[illegible]	3250	昭-4	TRN-29		3661	240	昭-16	TR-11	
3562	3251	〃	〃		3662	241	〃	〃	
3563	3252	〃	〃		3663	242	〃	〃	
3564	3253	〃	〃		3664	243	〃	〃	
3565	3254	〃	〃		3665	244	〃	〃	
3566	3260	昭-24	〃		3666	245	〃	〃	
3567	3261	〃	TRN-37		3667	246	〃	〃	
3568	3262	〃	〃		3668	247	〃	〃	
3569	3202	昭-23	〃		3669	248	〃	〃	
3570	3203	〃	〃		3670	558	昭-24	〃	
3571	3204	〃	〃		3671	450	〃	TR-22	台車交換予定
3572	3205	〃	〃		3672	451	〃	〃	〃
3581	3263	昭-24	TRK-45	モハ化により台車交換予定	3681				
3582	3264	〃	〃		3682				

※3000系更新当初の新旧車番対照がわかる。更新車番の3554～3560、3654～3660を欠番として合計130両となっている。

上巻のおわりに

上巻では3000系列236両となる種車の概説と3000系更新車の概要、種車から更新車への変化の数例、そして種車の１両１両についてはモハ3200 ～ 3247を紹介した。大正から昭和にかけての東武の車両は客車から電車への改造や電装化や用途変更に伴う改造で改番を繰り返す車が多く、加えて昭和初期においてはデハやクハ二、クハユ等で同じ番号が使われるなど混迷の極みであり、変遷を体系的にまとめるのは大変困難である。

次号ではこれらの車両たちの一丁目一番地が解る変遷表や資料を各種揃えて、3000系列およびその種車の紹介を続けていきたい。難解でパズルのような大正から昭和にかけての東武電車の変貌ぶりが、皆様に少しでもお判りいただけたら幸いである。

■写真・資料協力（50音順・敬称略）

合葉清治、阿部一紀、網谷忠雄、宇野　昭
荻原二郎、荻原俊夫、片山康毅、亀井秀夫
小池　潤、小松重次、佐藤進一、沢柳健一
鈴木靖人、竹中泰彦、田中景一、塚越哲男
豊永泰太郎、中村夙雄、中本雅博、花上嘉成
林　智春、日暮昭彦、日暮成一、藤田吾郎
丸森茂男、宮下洋一、宮田敦彦、村多　正
矢崎康雄

洗車線で体を休める戦前・戦後の車両たち。左から日光線全線開通時のデハ５形由来の武骨なモハ3210形と、戦後に導入された省電モハ63形を基に生まれた東武20m車の第1世代7800形、そして戦災国電のたたき直しクハ450形が並ぶ。1969（昭和44）年には7800系は本線に引き上げられ、野田線から20m車がなくなるのと入れ替わるように本線から急行用としての役目を終えた54系や52系、53系が相前後してやって来る。

1930（昭和5）年9月2日に総武鉄道「野田町車両修繕工場」として発足した野田電車区は蒸機６両、電機３両の他、ガソリンカー・客車・貨車があり、電車は10両が在籍していた。千葉県営鉄道野田線として1911（明治44）年５月９日の野田町～柏間で船運に頼らずに醤油の鉄道輸送から始まった野田町では輸送の主力である醤油を鉄道院線（現・JR東日本常磐線）柏へ運び、日本全国へ配送していた。

県営から北総鉄道（現在の北総鉄道とは無関係）に譲渡されたのち総武鉄道と社名を変え、1929（昭和4）年９月１日に大宮へ向けて野田町～清水公園間が非電化で開通。同年12月30日には清水公園～柏間が電化される。電車が増えて手狭となった野田電車区は1968（昭和43）年７月１日の七光台駅開業と同時に七光台電車区が完成して移転した。

3000系への更新が進む中、更新前の車とローカル線のムードが味わえる時代の一コマである。

1967.4.23　野田電車区　P：矢崎康雄